欧亚温带典型草原
土壤碳氮矿化作用研究

高丽　王珍　侯向阳　著

化学工业出版社
·北京·

内容简介

本书以欧亚温带草原东缘生态样带为研究平台，沿样带由南到北选择了5个样点，以样点上未放牧与放牧成对草原样地为研究对象，采用野外调查取样及室内控制温度培养法，开展欧亚温带典型草原土壤碳氮矿化作用研究，并结合植被特征、土壤理化性质以及土壤微生物及酶活性特征数据，分析未放牧与放牧草地土壤碳氮矿化作用与植被、土壤、微生物的关系，探讨了放牧对土壤碳氮矿化作用的影响机理。全书理论性较强，具有一定的生产指导价值；文字通顺、图文并茂，是草原、生态、环境等专业教师、研究生及科研人员较好的参考资料。

图书在版编目（CIP）数据

欧亚温带典型草原土壤碳氮矿化作用研究/高丽，王珍，侯向阳著．—北京：化学工业出版社，2022.1

ISBN 978-7-122-40202-8

Ⅰ.①欧… Ⅱ.①高…②王…③侯… Ⅲ.①温带-草原土-矿化作用-研究-欧洲②温带-草原土-矿化作用-研究-亚洲 Ⅳ.①S812.2②S155.4

中国版本图书馆CIP数据核字（2021）第218884号

责任编辑：邵桂林　　　　装帧设计：韩　飞

责任校对：王佳伟

出版发行：化学工业出版社

（北京市东城区青年湖南街13号　邮政编码100011）

印　　装：北京七彩京通数码快印有限公司

850mm×1168mm　1/32　印张5　字数90千字

2022年1月北京第1版第1次印刷

购书咨询：010-64518888　　　　售后服务：010-64518899

网　　址：http://www.cip.com.cn

凡购买本书，如有缺损质量问题，本社销售中心负责调换。

定　　价：80.00元

前言

生态样带（Ecological Transect）研究是探讨全球气候变化与陆地生态系统关系的有效途径之一。陆地生态系统样带研究正是通过沿某单一因素占优势而在空间上连续递变的梯度进行气候、植被、土壤、人类活动等因素的观测，分析全球变化的成因与控制机制，揭示生态系统空间格局和时空动态的变化规律，预测未来发展趋势及生态系统对全球变化的响应与反馈。

欧亚温带草原东缘生态样带（Eastern Eurasian Steppe Transect，简称EEST）是一条跨越中国—蒙古—俄罗斯的跨国草原生态样带，由中国农业科学院草原研究所侯向阳研究员于2012年首先提出。该样带南起中国长城，北至俄罗斯贝加尔湖东南缘，地理位置为39°～59°N，108°～118°E，南北长1400km，东西宽200km，样带梯度主要是热量和草原放牧利用方式，主要植被类型是以大针茅（*Stipa grandis*）和羊草（*Leymus chinensis*）为建群种的典型草原。该样带代表欧亚草原东缘植被生态地理分布，反映了土壤类型的基本格局和跨越不同人文地理区域的放牧梯度，具有重要的科学价值和草原可持续管理实际指导价值。样带研究内容主要包括主要草原生态系统结构、功能变化及生态化学计量特征，生物多样性分布格局和变化规律及对气候变化的响应；沿样带关键物种的遗传多样性、抗逆特性、逆境适应机制；沿样带不同放牧利用方式和强度的放牧生态效应；沿样带土地利用、覆盖变化对生态系统的影响等。该样带对于从大区域、大尺度揭示草原生态系统变化特征及其驱动机制，推动东北亚地区相关国家开展国际合作，共同应对全球变化挑战，制定适应性管理对策具有重要意义。

当前人类活动影响加剧和大气中温室气体浓度不断增加的情况下，碳、氮元素的循环等问题是研究全球变化热点之一，引起有关专家、学者们的极大关注。土壤碳矿化是指土壤有机碳分解释放 CO_2 的过程，土壤氮矿化是土壤中的氮由有机态转变为无机态（铵态氮或硝态氮）的过程。气候变暖和土地利用类型是不仅会导致土壤碳丢失，也会引起土壤氮矿化发生变化，进而影响陆地生态系统植物生长和初级生产力。因此，深入研究生态系统土壤碳氮矿化对气候因子和土地利用方式的响应机制，不仅有助于增进对全球碳氮循环的了解，而且对于更加准确评估碳氮循环以及正确应对气候变化具有十分重要的意义。

本项研究以欧亚温带草原东缘生态样带为研究平台，以样带上未放牧与放牧成对草原样地为研究对象，采用野外观测及室内控制温度培养法相结合的方法，系统研究大样带尺度上土壤碳氮矿化作用及其对放牧的响应。研究发现，表征气候干湿条件的干燥度指数可以更好地说明气候因子对土壤碳氮矿化的影响，放牧对相对干旱样点的土壤碳矿化和相对湿润样点的土壤氮矿化影响较大。放牧可以改变植被因子、土壤理化因子、土壤微生物因子对土壤碳氮矿化的解释度。例如，放牧降低了植被因子和土壤微生物因子对土壤碳矿化的解释度，使得土壤理化因子成为主要的控制因素，尤其是土壤物理性质，解释了近 90% 的放牧样地土壤碳矿化变异。放牧改变了影响土壤铵态氮积累量和氨化速率的土壤细菌类群，降低了土壤化学因子（土壤有机碳含量和全氮含量）对土壤硝态氮积累量、硝化速率、无机氮积累量和净氮矿化速率的影响，增加了土壤物理性质（土壤容重）、土壤微生物因子（土壤蔗糖酶）的影响。放牧还使得植被因子（植物多样性）成为了土壤硝态氮积累量、硝化速率的控制因素。本项研究的结果，体现了 EEST 在揭示气候变化与人为干扰对欧亚温带草原生态系统各组分及生态功能的调控机制研究中的重要性，可以为欧亚温带草原生态系统应对气候变化和放牧退化草地的修复及制定适应性管理对策提供理论支撑。

本书的出版，是集体劳动与智慧的结晶，我们衷心希望本书能为从事草原生态系统碳氮循环研究工作的学者提供一定的参考。由于学术水平有限，书中难免有疏漏之处，期待有关专家和广大读者给予指正。

本项研究得到了国家国际科技合作专项项目（2013DFR30760）、国家自然基金面上项目（42077054）、内蒙古自治区自然科学基金项目（2021MS03076）、内蒙古自治区应用技术研究与开发资金项目（2021GG0088）、中国农业科学院科技创新工程以及中央级公益性科研院所基本科研业务费项目（1610332015008、1610332016013、1610332020005）的支持，在此表示感谢！

著者

2021 年 10 月

目 录

CONTENTS

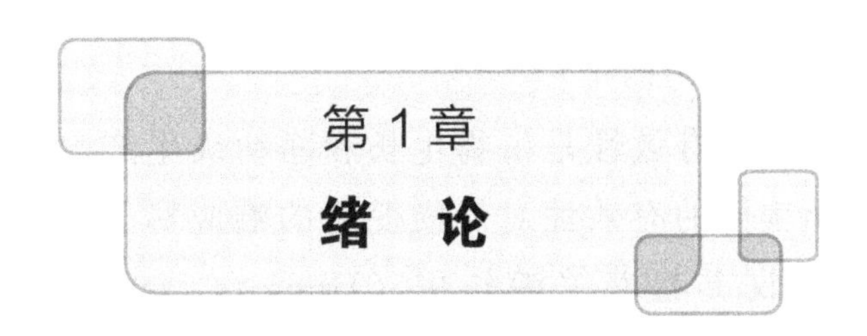

第1章 绪论

1.1 土壤碳氮矿化研究意义

在当前人类活动影响加剧和大气中温室气体浓度不断增加的情况下，碳、氮元素的循环等问题是研究全球变化热点之一，引起有关专家、学者们的极大关注（王启基等，2008）。作为陆地生态系统最大的碳库，土壤碳库在全球碳循环中起着重要的作用（于贵瑞等，2003），尤其是土壤有机碳库，对气候变化非常敏感（Davidson and Janssens，2006；Schmidt，et al.，2011）。土壤有机碳分解速率小幅度的变化可能对大气 CO_2 浓度产生显著的影响（Davidson and Janssens，2006；Luo and Zhou，2006），进而加剧或者减弱化石燃料燃烧和土地利用变化带来的后果（Zhou，et al.，2017）。土壤碳矿化是指土壤有机碳分解释放 CO_2 的过程（吴建国等，2004）。有研究认为，气候变暖和土地利用类型是导致土壤碳丢失的主导因素（Sun，et al.，2013）。温度升高会增加土壤微生物活性，从而使得土壤碳矿化和 CO_2 释放量增加（Rustad，et al.，2001）。土地利用变化会改变枯落物的量和化学性质，进而改变土壤碳矿化速率和 CO_2 释放量（Sun，et al.，2013）。

土壤氮的有效性是植物生长和净初级生产力的限制因子，土壤氮的有效性对气候变化的响应对于生态系统和全球碳收支起着关键作用（Hungate，et al.，2003；Luo，et al.，2004）。土壤氮的有效性主要依赖于土壤氮矿化。土壤氮矿化是土壤中的氮由有机态转变为无机态（铵态氮或硝态氮）的过程，土壤动物和微生物在氮矿化过程中起着主导作用（Chapin Ⅲ，et al.，2011；虎瑞等，2014）。随着全球气温升高，土壤氮矿化可能会受到温度变化的强烈影响。研究表明，温度上升，土壤氮矿化速率加快（Sierra，1997；Guntinas，et al.，2012）。在全球变暖的背景下，由温度升高引起的土壤氮矿化的小幅度变化，会影响土壤氮的有效性，进而影响陆地生态系统植物生长和初级生产力（Stocker，et al.，2013）。土地利用是气候变化的驱动因子之一，土地利用通过改变土壤生物和非生物因素，导致土壤氮矿化的变化（Templer，et al.，2005）。

因此，深入研究生态系统土壤碳氮矿化对气候因子和土地利用方式的响应机制，不仅有助于增进对全球碳氮循环的了解，而且对于更加准确评估碳氮循环以及正确应对气候变化具有十分重要的意义。

1.2 土壤碳矿化研究概况

1.2.1 土壤碳矿化的影响因素

土壤碳矿化的早期研究主要从土壤的肥力角度考虑（Davidson，et al.，1987）。目前土壤有机碳分解研究的重点是对土壤有机碳矿化及其影响因素的分析（Reichstein，et al.，2005；Trumbore，2006）。已有的研究结果表明（Xu，et al.，2016），土壤碳矿化的影响因素有以下几类：①气候因子；②土壤因子；③植物因子；④地理因子；⑤人为干扰。

（1）气候因子　在全球变暖背景下，土壤碳矿化长期以来一直是生态学和土壤学研究的核心问题之一，因为其对温度变化的响应很大程度影响着陆地生态系统对全球气候变化反馈效应。研究表明，土壤碳矿化速率与温度呈正相关关系，可以用指数方程等来描述（Davidson and Janssens，2006；何念鹏等，2018）。通常情况下，土壤碳矿化的温度敏感性用 Q_{10} 来表示，即温度升高 10℃土壤有机碳矿化速率的相应改变量，是全球气候变化模型研究中的重要参数（Cox，et al.，2000；Xu and Qi，2001；周焱，2009）。在早期的研究中人们认为 Q_{10} 是一个常数（$Q_{10}=2$）。然而，一些实验表明，Q_{10} 因生态系统的不同而不同（Lenton and Huntingford，2003），取决于土壤温度、土壤含水量、土壤有机质质量以及植被类型（Wetterstedt，et al.，2010；Craine and Gelderman.，2011；Weedon，et al.，2013）。以上这些因素的空间异质性可能是造成 Q_{10} 随着地理位置的改变而变化的主要原因。因此，了解土壤碳矿化及其 Q_{10} 的空间格局和调控机制，对于准确评估土壤可利用养分供应和生态系统可持续管理具有重要的理论意义（Liu et al.，2016）。在干旱、半干旱地区，降水量和土壤湿度不仅是植物多样性、地上地下生物量、凋落物量、土壤碳储量的限制因子（Bai，et al.，2008），也是土壤有机碳矿化的重要的环境影响因子（Borken and Matzner，2009；Suseela，et al.，2012；Mi，et al.，2015）。研究表明，在半干旱草原区，土壤有机碳矿化随着降水量和土壤湿度增加而增强（Liu，et al.，2009；Norton，et al.，2012；Zhou，et al.，2012）。

（2）土壤因子　土壤碳矿化是重要的地下生态过程，受土壤质地、土壤有机质的组成和状态等理化性质的影响。研究表明，土壤有机碳矿化潜力与 SOC、STN、STP、速效钾、黏粒和粉粒含量关系密切（李忠佩等，2004；Davidson and Janssens，2006；李顺姬等，2010；邬嘉华等，2018）。在大的空间尺度上，土壤黏粒含量、土壤 C/N、土壤田间持水量与土壤碳矿化速率呈负相关（Xu，et al.，2016）。在比利牛斯山的山地草原区，不同土层土壤碳矿化的调控因子不同，表层土壤碳矿化与不稳定性碳含量呈正相关，地表下土壤碳矿化与土壤潜在矿化氮呈正相关（Jordi，et al.，2008）。新西兰农业土壤小团聚体（<1mm）碳矿化比大团聚体碳矿化高25%～50%（Denis，et al.，2014）。欧洲撂荒地土壤细菌和真菌丰度分别能解释32.2%和17%的土壤碳矿化强度的变化（Vincent，et al.，2015）。广西混交林土壤碳矿化与土壤K-对策细菌（酸杆菌门，Acidobacteria）丰富度负相关，与土壤r-对策细菌（变形菌门和拟杆菌门，Proteobacteria and Bacteroidetes）丰富度呈正相关（Zhang，et al.，2018）。

（3）植物因子　植物通过改变微生物活性和组成增强土壤碳矿化和植物养分吸收，促进植物生长（Hamilton and Frank，2001；Kuzyakov，2002），也能通过竞争资源和病原菌抑制植物的生长（Westover and Bever，2001；Bever，2002；Reynolds，et al.，2003），所以植物能促进或抑制土壤碳矿化（Feike，et al.，2006）。来自加州大学圣克鲁兹分校的研究表明，一年生植物对草地根际土壤碳矿化激发效应由植物生物量驱动，特别是在土壤肥力较高、植物生产力较高的土壤（Feike，et al.，2006）。湖南杉木土壤碳矿化与林木生物量呈负相关，杉木纯林土壤碳矿化比杉木、桤木混交林高（Wang，et al.，2010）。湖南会同阔叶林表层土壤碳矿化比针叶林高，这种差异可能源于凋落物的数量和质量不同（Wang and Zhong，2016）。天然林转化为云杉人工林后，使得川西亚高山土壤养分和微生物生物量的下降，导致云杉人工林土壤碳矿化速率显著下降（杨开军等，2017）。在中亚热带湘中丘陵区的研究表明，随着林地退化，土壤碳矿化速率显著下降，土壤碳矿化过程呈现出明显的阶段性，受到植物群落组成结构、植物生长节律等因素的显著影响（朱小叶等，2019）。

（4）地理因子　纬度、海拔梯度导致生物（植物、动物、微生物群落组成等）和非生物因素（光照、降水、土壤养分等）发生一系列的变化，从而导致土壤生态过程的变化。温带土壤碳矿化及其温度敏感性显著高于亚热带土壤，增温对温带和亚热带森林土壤有机碳矿化的影响机制不同（刘霜等，2018）。中长期增温培养实验发现，从北极到亚马孙森林，高纬度地区土壤碳矿化比低纬度地区更易受变暖的影响，Q_{10} 更高，源于高纬度地区较高的土壤碳氮比（Karhu，et al.，2014；刘霜等，2018）。不同海拔间的高山草甸、亚高山矮林、针叶林、常绿阔叶林有机碳矿化速率差异显著（$P<0.05$），高山草甸土壤有机质含量多可能是导致其土壤碳矿化速率最高的原因（周焱，2009）。对关帝山不同海拔土壤碳矿化的研究表明：随着海拔的升高，土壤碳矿化累积量和碳矿化速率显著增加，土壤碳矿化累积量和活性炭之间呈显著正相关（李君剑等，2018）。

（5）人为干扰　由于人类活动的加剧，土地利用方式及强度的变化会对土壤有机碳矿化的影响也备受关注。研究表明，自由放牧大针茅草地的土壤碳矿化累积量低于长期围封的草地，围封对土壤碳矿化的 Q_{10} 影响不显著（王若梦等，2013）。氮素输入显著促进了高寒草原土壤碳矿化作用，对高寒草甸和高寒湿地土壤碳矿化的影响不明显

（白洁冰等，2011）。塔里木盆地北缘绿洲不同土地利用方式对土壤有机碳矿化率存在显著性差异，其大小依次为：沙地＞荒草地＞盐碱地＞弃耕地＞人工林＞棉田＞果园（李杨梅等，2017）。长期施肥降低了稻田土壤有机碳累积矿化率，有利于增强稻田土壤碳的固持和积累，秸秆还田加化肥效果更加明显（马欣等，2018）。踩踏干扰显著增加了黄土丘陵区生物结皮层的有机碳累积矿化量和有机碳矿化潜力（杨雪芹等，2018）。晋西北安太堡矿区的研究表明，随着复垦年限的延长，土壤有机碳矿化潜势和累积量呈增加趋势（辛芝红等，2017）。在封育条件下，半干旱黄土区的土壤有机碳矿化速率显著增加（王玉红等，2017）。实验表明，短期增加凋落物会造成土壤微生物群落组成的改变，进而影响土壤碳矿化，但与其相比，由土地利用转变造成的植物群落组成的改变对土壤碳矿化产生的影响更大（Nicolas and Isabelle，2016）。

1.2.2 土壤碳矿化的测定方法

目前，室内土壤需氧培养法是测定土壤碳矿化的主要方法（Collins，et al.，1997；Paul，et al.，2001）。采用这种方法培养土壤，土壤温度、湿度也得以有效控制，且没有有机碳输入和淋溶输出，可以反映一定温度、湿度条件下的土壤有机碳动态（Robertson，et al.，1999；王喜明，2014）。培养产生的土壤碳矿化 CO_2 的测定方法有：

（1）碱液吸收法　碱液吸收法的原理：土壤中的有机

碳，在好气条件下，经过微生物的作用，最终将分解为CO_2和H_2O，释放出的CO_2可吸收在过量的氢氧化钠溶液中，将过量的氯化钡加入到氢氧化钠的吸收液中，使碳酸盐呈碳酸钡沉淀，然后用标准盐酸溶液滴定氢氧化钠吸收液中剩余的碱液，根据上述反应，即可计算出供试样品释出的CO_2量。此方法操作简单，所需仪器设备少，目前使用得最为普遍，但是测试过程比较费时费力，难以同时或对大批样品进行测试，并且对实验条件要求严格（杨丽霞和潘剑君，2004；周焱，2009；何念鹏等，2018）。

（2）气相色谱法　气相色谱法是每隔一定时间（通常是每分钟）抽取和补充密闭容器中一定体积的气体，根据气相色谱仪器上检测密闭容器中不断增加的CO_2浓度与时间变化建立的线性关系来计算有机碳的矿化。此方法较为精确，仪器价格不太昂贵，但样本量偏少（5～6个），回归相关性低（约为0.90）（Keller，et al.，2005），在采样时会因箱室的挤压和抽气时的负压引起偏差（周焱，2009）。

（3）CO_2红外气体分析仪法　CO_2红外气体分析仪法实现了动态观测。其原理与气相色谱法接近，只是需要设计一个密闭或开放的气路系统。何念鹏等（2012）发明了一种土壤有机碳矿化自动连续测定装置，包括恒温培养系统、CO_2起始浓度控制及气体采样系统和CO_2浓度分析仪。通过该装置，可成功实现室内高速在线连续测定有机碳矿化，可广泛应用于土壤碳循环和微生物等研究（王若梦等，2013）。在该装置的基础上，何念鹏等（2018）发展了连续变温培养结合连续-高频土壤有机碳矿化的测定装置与技术。该模式的培养与测试过程非常简单快捷，可替代传统的碱液吸收法和气相色谱法（He and Yu，2016；Zhang，et al.，2016），能为大多数实验室提供一种快速测试土壤有机碳矿化的通用途径和设备，有利于开展大量样品测试或大尺度联网研究，具有非常广泛的应用前景。

1.2.3 草地生态系统土壤碳矿化对气候因子和放牧的响应研究进展

草地是陆地生态系统的重要组成部分，占全球陆地（除冰盖和冰层外）总面积的40.5%（Finn，et al.，2013；白永飞等，2014），包括北美洲的大草原、南美洲的潘帕斯草原、南非大草原、欧亚干草原、非洲和澳大利亚热带稀树草原（Woodward，2008），具有重要的生态与食物生产功能（方精云等，2016；李西良，2016）。草地是个巨大的碳库，全球草地碳储量约为308 Pg，其中约92%储存在土壤中（Schuman，et al.，2002）。草地不仅是重要的碳库，而且草地和森林一样具有较高的碳捕获能力，能够在今后的碳固持中发挥显著作用（Keith，et al.，2016）。

气候变暖会对草地生态系统及其碳循环产生重要影响。气候变暖对草地碳循环的影响主要有2条途径：一方面气候变暖可能使光合作用效率提高、植被的生长季延长，从而增加对土壤的碳输入量；另一方面气候变暖可能使土壤微生物活性增强，加速有机碳的分解速率，增加土壤向大气的碳输出量（穆少杰等，2014）。用 CENTURY 模型研究得到，当气温升高 2～5℃后，在 50 年内，世界范围内草地生态系统的土壤碳库会有 3～4Pg C 的损失，全球变暖有可能部分抵消因人为管理措施改善和大气 CO_2 浓度升高带来的碳储存，这种损失主要是由升温后温带草地土壤有机质分解速率增加了 25%造成（Parton，et al.，1995；肖胜生等，2009）。与其他生态系统类型相比，草地生态系统的脆弱性使其碳的输入与输出对气候变化的反应更为敏感（Nouvellon，et al.，2000）。放牧是对草原影响最为广泛的土地利用方式（李江叶，2017）。家畜采食活动会影响草地植物的光合生产和生长发育（Gibb，2007；Hejcmanova，et al.，2009）；家畜踩踏改变了土壤的物理性状，减少了微生物活动，进而改变土壤中养分元素的循环尤其是 C、N 循环（Steffens，et al.，2008；Han，et al.，2008；Golluscio，et al.，2009；Zarekia，et al.，2012；Wu，et al.，2012）；家畜排泄粪尿导致草地土壤化学成分的变化。因此，放牧会通过植物生产、土壤微环境等途径对土壤碳矿化造成影响。在此背景下，加强草地土壤有机碳矿化对气候因子和放牧的响应研究，有助于增进对全球碳循环的理解，对于更加准确评估碳循环以及正确应对气候变化具有十分重要的意义。

（1）草地生态系统土壤碳矿化对气候因子的响应　全球变暖通过改变植物生产力及群落组成和土壤微生物群落组成及活性，对土壤碳矿化产生影响。对美国俄克拉荷马州高草草原的研究表明，短期（2～3年）增温对土壤碳矿化速率影响不大（Zhang，et al.，2005），长期增温（10年）升高了土壤碳矿化速率，添加C3植物材料抵消了部分增温效应，添加C4植物材料促进了增温效应，长期增温可能会对微生物分解C3植物凋落物产生抑制作用，而对微生物分解C4植物凋落物产生促进作用，这种由增温诱导的微生物群落的适应，可能会削弱草地碳循环对增温的正反馈作用，因为增温会导致植物群落中C4植物所占比例的增加和凋落物质量的降低（Jia，et al.，2014）。在内蒙古典型草原的研究表明，增温降低了土壤累积碳矿化量、潜在可矿化碳量（Zhou，et al.，2012）和土壤碳矿化速率（Liu，et al.，2009），增温和增雨对土壤碳矿化的影响存在交互效应（Zhou，et al.，2012）。在干旱、半干旱草原区，增温对水分有效性和植物生长的间接抑制作用要大于直接促进效应，导致土壤碳矿化对增温表现出负反馈（Liu，et al.，2009）。草地土壤碳矿化对增温的响应可能与土壤微生物密切相关。最近的研究表明，长期增温（11年）促进了美国俄克拉荷马州高草草原下层土壤中的老有机质（已经存在超过50年）的分解，而这种增温效应与土壤微生物群落功能基因结构的变化有关（Cheng，et al.，2017）。

Q_{10}是衡量土壤碳矿化对未来气候变化响应的重要参数。土壤碳矿化Q_{10}会随着空间和时间的变化以及生态系统类型以及地理位置的改变而发生变化（黄锦学等，

2017)。对西藏地区156个样点的高寒草地的研究表明，干草原（steppe）土壤碳矿化Q_{10}比湿草原（meadow）高，基质特征和环境变量能共同解释37%的干草原Q_{10}变化和58%的湿草原Q_{10}变化，研究结果支持“碳质量-温度”假说，即基质质量越差，矿化时所需的酶促反应步骤越多，需要的活化能也就越高，所以低质量碳基质比高质量碳基质对温度升高的响应更加剧烈，从而具有较高的Q_{10}(Ding et al.，2016)。在美国科罗拉多洛基山的高山干草甸的研究表明，夏季土壤碳矿化Q_{10}大于冬季，可能与夏季和冬季土壤微生物群落组成与基质利用类型的不同有关(Lipson，et al.，2002)。在新西兰北岛怀卡托地区的草地，土壤碳矿化Q_{10}受土壤微生物分解者的基质有效性的限制（Gabriel，et al.，2018)。对美国加利福尼亚一年生天然草地土壤碳矿化的研究表明，基质有效性的增加对Q_{10}有极显著的正效应，这种正效应与初始基质有效性呈反比（Alexander，et al.，2009)。武夷山高山草甸土壤活性有机碳和惰性有机碳Q_{10}随着海拔高度的升高呈线性增加，高海拔样点土壤碳矿化的Q_{10}可能与相对较低温度条件下的土壤微生物群落结构有关（Wang，et al.，2013)。

（2）草地生态系统土壤碳矿化对放牧的响应　通常，放牧通过六个相互联系的作用机制直接或间接影响土壤碳储量、土壤微生物活性和土壤生物化学过程（Fayez and Maryam，2014)：①通过影响生物质生产、迁移、输出改变植物碳进入表层土壤的速率（Barger，et al.，2004；

Pei，et al.，2008)；②通过影响植被组成和增加排泄物改变基质质量（Barger，et al.，2004；Semmartin，et al.，2008；Papanikolaou，et al.，2011)；③通过踩踏作用使得植物残体进入土壤基质（Greenwood and McKenzie，2001)；④土壤生物多样性和功能群的改变（Bardgett，et al.，2001；Barger，et al.，2004；Qi et al.，2011)；⑤土壤大团聚体的破坏，以及随后的土壤结构的退化，尤其是在土壤表层几厘米内发生的变化（Li，et al.，2007；An，et al.，2009)；⑥土壤湿度、温度、孔隙度和侵蚀等环境条件的变化（Holt，1997；Gill，2007；Stavi，et al.，2008)。

学者们在不同地区研究了放牧对草地生态系统土壤碳矿化的影响，得出了不同的研究结果，可能源于与以上六个相互作用的机制有关的气候、土壤条件、植物群落组成、放牧管理制度的不同（Piñeiro，et al.，2010)。例如，在内蒙古典型草原开展的9年放牧（绵羊）实验研究表明，土壤累积碳矿化量随着放牧强度的增加而降低，冷蒿（*Artemisia frigida*）覆盖度能作为凋落物输入和土壤碳矿化动态的指示指标（Barger，et al.，2004)。对意大利维托博省的草地土壤研究表明，4年的放牧对土壤碳矿化没有显著影响（Moscatelli，et al.，2007)。在美国黄石国家公园的研究表明，在前期的培养过程中，表现出放牧促进了土壤碳矿化速率，而在后期的培养过程中，表现出放牧降低了土壤碳矿化速率，由于在前期的培养过程中，土壤微生物主要分解活性有机质，而在后期的培养过程中，土壤微生物主要分解惰性有机质，因此，经过多年的自由放牧（以麋鹿和野牛为主），食草动物改变了土壤有机质的质量，增加了土壤有机质中的活性部分，减少了惰性部分（Douglas and Peter，1998）。在相对干燥地区，食草作用使得适口性较差、较难分解的植物增加，而在相对湿润地区，食草作用使得适口性较好、易分解植物增加（Grime，1979；Milchunas，et al.，1988；Díaz，et al.，2007）。因此，在美国黄石国家公园，在上坡样点（干燥），食草动物通过增加相对难分解植物从而降低了土壤碳矿化作用，而在下坡和坡底样点（湿润），食草动物通过增加易分解植物从而加速了土壤碳矿化作用（Douglas，et al.，2011）。

1.3 土壤氮矿化研究概况

1.3.1 土壤氮矿化的影响因素

土壤碳循环和氮循环是紧密耦合的过程（Gardenas，et al.，2011；Quan，et al.，2014），土壤氮矿化的影响因素也可分为以下几类：①气候因子；②土壤因子；③植物因子；④地理因子；⑤人为干扰。

（1）气候因子　由于氮循环的各个环节都受温度和水分有效性的强烈影响，因此气候变化会通过改变氮循环从而对植物和生态系统功能产生影响（Shaver，et al.，2000；Rustad，et al.，2001）。一些研究表明，在室内培养条件下，土壤净氮矿化速率随着温度的升高呈指数增长

(Sierra，1997；Cookson，et al.，2002；Dalias，et al.，2002)。采用不同的野外模拟增温方法对全球不同生物群系的研究也表明，增温促进了土壤净氮矿化（Rustad，et al.，2001；Shaw and Harte，2001；Wan，et al.，2005；Wang，et al.，2006)。大多数研究利用 Q_{10}（即温度每升高 10℃土壤氮矿化的变化比率）来表示土壤氮矿化的温度敏感性（Kirschbaum，1995)。Q_{10} 是衡量土壤氮矿化对未来气候变化响应的重要参数（Koch，et al.，2007；Liu，et al.，2017)。由于不同生态系统的植被类型、土壤理化性质不同，导致 Q_{10} 存在明显的空间格局（Liu，et al.，2016)。最近的整合分析研究表明，不同生态系统的 Q_{10} 存在一定的差异，在全球尺度上，Q_{10} 主要受土壤 C/N 值和土壤 pH 的影响（Liu，et al.，2017)。

气候变化会造成干旱和极端降雨事件发生的频率和强度进一步增加（IPCC，2013)。此外，全球半干旱地区降雨格局将以较少的较集中的降雨事件为特点（Lafuente，et al.，2018)。这些变化可能会增加降雨脉冲和干湿循环的强度和重要性，从而导致土壤含水量发生更大的变化，最终影响到生态系统功能（Gallardo，et al.，2009；Alexandra，et al.，2019)。研究表明，在地中海环境下，小的降雨脉冲和干湿过程是土壤氮循环的主要驱动因子（Wang，et al.，2016；Rey，et al.，2017；Song，et al.，2017)。综合分析已有的文献发现，在所有生态系统中，长期的夏季干旱和随后的湿润将在年尺度上减少累积氮矿化（Borken and Matzner，2009）。在干湿循环过程中土壤氮矿化的降低，可能与基质和水分有效性的限制、土壤微生物群落组成和活性的变化、较高的氮固持以及反硝化作用的增强有关（Stark and Firestone，1995；Gallardo，et al.，2009；Morillas，et al.，2015）。

（2）土壤因子　土壤温度和湿度直接影响土壤氮矿化（Wang，et al.，2006）。土壤氮矿化会随土壤温度升高而升高（Loiseau and Soussana，2000）。土壤温度和湿度对氮矿化作用的影响在不同的生态系统类型和水热条件下存在差异（Fisk and Schmidt，1995；Yahdjian and Sala，2008）。在一定湿度范围内（大约为0.46～0.54 kg/kg），净氮矿化速率随湿度的升高而增加，当超过这个范围时，氮矿化速率则下降（周才平和欧阳华，2001）。土壤温度和湿度对土壤氮矿化的影响具有交互作用（Xu，et al.，2007）。

土壤质地也会对氮素矿化产生影响（Hassink，et al.，1993）。一般而言，细质土相对于粗质土的矿化速率较高，即沙土的氮矿化速率低于壤土和黏土（Groffman，et al.，1996）。土壤氮素的矿化和硝化作用与土壤深度密切相关，80%～90%的氮矿化都发生在0～10cm的表层土壤中（Paul，et al.，2001）。土壤pH值升高，可以促进氮素的矿化，特别是对硝化作用促进作用更大（Curtin，et al.，1998；王常慧等，2004）。整合分析表明，全球尺度土壤氮矿化主要受土壤有机碳含量、土壤C/N值和土壤黏粒含量的影响（Liu，et al.，2017）。

土壤微生物的种类、数量、结构及功能与土壤氮矿化有着密切的联系（单玉梅，2011）。氨化、硝化和氮矿化等过程是由一系列真菌和细菌参与的（Hayatsu，et al.，2008）。自养硝化主要是由氨氧化细菌（AOB）和硝氧化细菌（NOB）起主要作用，细菌和真菌对异养硝化起着主要作用（De Boer and Kowalchu，2001；杨怡等，2018）。土壤微生物量氮的比例虽然仅占土壤全氮的5%～10%，但具有较快的周转率，在土壤可矿化氮素中占有重要的地位（王常慧等，2004）。有研究表明，土壤微生物是土壤易矿化氮的主体（Bonde，et al.，1988）。也有研究提出，在砂质结构的土壤中，微生物活性比微生物生物量更能解释氮素的矿化（Hassink，et al.，1993）。

（3）植物因子　不同的植物会通过植物凋落物、土壤理化性质以及土壤动物、微生物特征等因素，来影响土壤的养分循环过程（王常慧等，2004）。研究表明，牧草物种适应土壤肥力的能力与氮的矿化率和硝化率有关（Tanja，et al.，2001）。Vitousek等（1982）研究发现，植物凋落物中C/N值与土壤矿化速率关系密切，较高的凋落物C/N值，能提高土壤的碳输出，增加土壤微生物生物量，固持更多的铵态氮，所以氮矿化速率降低。在冻原区，土壤氮素矿化与植物群落结构、土壤氮矿化速率与植物地上净初级生产力有关（Reich，et al.，1997）。

（4）地理因子　纬度、海拔梯度的差异是导致气候因子、土壤因子及生物因子发生变化的主要影响因素，从而导致土壤生态过程的变化。在相同温度条件下，武夷山不同海拔间常绿阔叶林、针叶林、亚高山矮林和高山草甸土壤净氮矿化量和净氮矿化速率的由大到小为亚高山矮林、常绿阔叶林、高山草甸、针叶林，各海拔土壤氮矿化 Q_{10} 在 1.03～1.54 之间（徐宪根，2009）。Liu 等（2016）整合分析了 212 篇已发表的文献，结果发现，在 25℃培养条件下，中国陆地生态系统土壤氮矿化速率平均值为 2.78mg N(kg/d)，土壤氮矿化速率由大到小依次出现在农田（3.08mg N/(kg·d)、森林（2.35mg N/(kg·d)、草原（0.57mg N/(kg·d)；土壤氮矿化速率 Q_{10} 平均值为 1.58，Q_{10} 随着纬度升高而升高。最近，Liu 等（2017）又整合分析了 379 篇已发表的文献，结果表明，全球不同生态系统土壤氮矿化速率平均值为 2.41mg N/(kg·d)，随着纬度和海拔升高，土壤氮矿化速率呈明显下降趋势，土壤氮矿化速率 Q_{10} 平均值为 2.21，随着纬度的升高，Q_{10} 明显增大。

（5）人为干扰　由人类活动导致的土地利用方式转变，不但能通过改变土壤有机物质输入和输出量直接影响土壤氮矿化（Murty，et al.，2002），而且可以通过改变植被组成、土壤理化性状、土壤微生物特征等，间接影响土壤氮矿化过程（杜宁宁等，2017）。对帽儿山地区不同土地利用类型的土壤氮矿化研究表明，天然落叶阔叶林和草地的土壤氮矿化速率显著高于人工红松林和农田，草地具有最大的土壤氮矿化速率，这可能与草本植物凋落物更易被微生物分解且叶片氮含量更高有关（周正虎和王传宽，2017）。对大沽河流域农田土壤氮素矿化的研究发现，施肥使得土壤氮矿化的温度敏感性 Q_{10} 显著降低（田飞飞等，2018）。火烧能够提高土壤的氮矿化速率，在短期内影响土壤无机氮含量的变化（Forda，et al.，2007）。

1.3.2　土壤氮矿化的测定方法

按照研究方法和研究目的分类，土壤氮素矿化可以分为净氮矿化和总氮矿化，其中总氮矿化是由净氮矿化和微生物固持氮两部分组成（韩兴国和李凌浩，2012）。目前，测定土壤氮矿化的方法有：

（1）室内矿化培养法　室内矿化培养法在国内外应用较为广泛。这种方法是将土壤样品调节到一定湿度后，在一定温度下培养一段时间，然后测定土壤矿化氮量的变化（周鸣铮，1988）。此方法的优点是培养条件可控，避免了自然环境的影响。缺点是与自然环境条件差别较大，土壤的前处理过程对土壤微生物及土壤有机质产生了不同的影响，会影响土壤矿化过程（Adams and Attiwill，1986），与野外研究的相关性较差。研究者们通过采集原状土柱进行培养，可以减少土壤样品前处理的影响，但是这会受到空间异质性的影响，而且需要进行大量的重复才能保证数据质量（徐宪根，2009）。

（2）野外矿化培养法　野外矿化培养法测定土壤矿化

氮的方法分为三类：埋袋培养法、顶盖埋管培养法、离子交换树脂袋法（韩兴国和李凌浩，2012）。埋袋培养法是使用最早的野外条件下测定土壤净氮矿化的方法，最早开始于20世纪50年代后期，到目前仍然得到普遍应用。这种方法是先用土钻或环刀取样，将样品放在聚乙烯塑料袋中。一部分土样进行浸提，测定NH_4^+-N和NO_3^--N含量，另一部分样品装入袋中，放回原位培养，经过4周左右取出袋子，测定NH_4^+-N和NO_3^--N含量，培养前后的差值就是净氮矿化量，一般用速率表示净氮矿化和硝化作用，即净氮矿化量/培养时间。顶盖埋管培养法和离子交换树脂袋法分别于20世纪60年代和20世纪80年代开始用于测定土壤净氮矿化速率及养分有效性。

1.3.3 草地生态系统土壤氮矿化对气候因子和放牧的响应研究进展

氮是在陆地生态系统初级生产过程中最受限制的营养元素之一（LeBauer and Treseder，2008）。土壤NH_4^+-N、NO_3^--N和微生物生物量氮等有效氮是评价土壤生产力高低最有效的氮素指标。草地生态系统土壤氮矿化直接影响到草地土壤有效氮的供应能力和草地生态系统功能（王学霞等，2018）。随着全球气候变化的影响，深入研究草地土壤氮矿化及其与温度变化的关系，对系统认识草地生态系统碳汇功能对气候变化的响应趋势将具有十分重要的理论和现实意义（吴建国等，2007）。放牧是主要的草地利用方式之一，影响草地生态系统氮素的转化过程（单玉梅，2011）。

气温升高和放牧可能通过以下4个途径对草原土壤氮库产生影响（Rui，et al.，2011）：①通过土壤温度和湿度的变化，在短时间内直接改变枯落物损失率（Kalbitz，et al.，2000；Aerts，2006；Luo，et al.，2010）；②随着放牧强度的增加，在短时间内减少枯落物量（Shariff et al.，1994；Olofsson，et al.，2001）；③在较长时间内间接地改变植物凋落物的数量和质量（Aerts，2006）；④通过长期间接改变分解者和食腐生物群落的物种组成和结构（Kalbitz，et al.，2000；Aerts，2006）。因此，温度和放牧会通过改变植物枯落物数量和质量、土壤微生物组成和结构以及土壤微环境对土壤氮矿化产生影响。在全球变化背景下，加强草地土壤氮矿化对气候因子和放牧的响应研究，有助于我们深入了解草地氮循环及草地生态系统退化的机理。

（1）草地生态系统土壤氮矿化对气候因子的响应　学者们采用室外模拟增温和室内控温培养实验，对不同地区不同类型草地土壤氮矿化进行了研究，研究结果不尽相同。模拟增温提高了科尔沁沙质草地的土壤氮矿化、土壤硝化速率，但是土壤的净氮矿化、硝化速率对温度增加的响应在田间持水量处于相对较低或者过高的状态下不明显（陈静等，2016）。在法国中央高原地区一个温带草原生态系统开展的研究表明，3℃的室外模拟增温增加了土壤氮矿化（Loiseau and Soussana，2000）。在澳大利亚塔斯马尼亚岛东南部的一个低地温带草原开展的室外增温实验发现，在有些年份表现为促进了土壤氮矿化，而在其他年份增温效应不显著，研究者认为可能与年际间降雨量的变化导致的土壤微生物群落的变化有关（Mark，et al.，2017）。对青藏高原地区196个观测实验进行的整合分析研究表明，室外模拟增温使得草原生态系统土壤净氮矿化和净硝化作用分别增加了49.2%和56.0%（Zhang，et al.，2015）。对全球528个观测实验进行整合分析结果显示，增温促进了草原土壤净氮矿化，但是对草原土壤硝化作用的影响不显著，增温会降低草原生态系统的土壤湿度，使得这些草原生态系统更加干燥且受湿度限制，从而抵消了部分增温效应（Bai，et al. 2013）。采用室外模拟增温和原位培养实验对青藏高原永久冻土区高寒草甸生态系统的研究结果表明，增温促进了土壤硝化作用和净氮矿化作用（Peng，et al.，2016）。采用室内控温培养实验对青藏高原高寒草甸的研究发现，培养3个月后，温度升高对净氮矿化作用没有影响，但明显增强了土壤硝化作用（Rui，et al.，2011）。

Q_{10}可以表征不同基质土壤的温度敏感性（Dalias，et al.，2002）。整合分析研究表明，在全球尺度上，与森林、农田、湿地等生态系统相比，草原土壤Q_{10}值最小（1.67）（Liu，et al.，2017）。对内蒙古不同类型草地土壤氮矿化速率的温度敏感性的研究表明，内蒙古草地土壤氮矿化的

Q_{10} 分布在 1.3～2.7 之间，从典型草地至荒漠草地，Q_{10} 逐渐增加，基质质量指数却逐渐降低，土壤氮矿化是一个耗能的过程，主要通过微生物的酶促反应来实现，因而基质差的荒漠草地需要更高的活化能，相对的温度敏感性也越高，即具有更高的 Q_{10}（朱剑兴等，2013）。在奥地利的高寒干草甸（Oliver，et al.，2007）和青藏高原的若尔盖高寒草甸（赵宁等，2014）的研究也发现，Q_{10} 与基质质量指数呈负相关关系。

（2）草地生态系统土壤氮矿化对放牧的响应　目前科学家关于放牧与草地土壤氮矿化的研究结论仍不一致。在美国北达科他州密苏里山的东部边缘草原地区，与长期未放牧和长期放牧处理相比，中度放牧条件下，土壤氮矿化速率更高，放牧处理间土壤氮矿化差异可能与凋落物和根系基质氮浓度的变化有关（Ahmed，et al.，1994）。中度放牧对内蒙古典型草原土壤氮矿化作用的促进作用最大（Xu，et al.，2007）。在内蒙古草甸草原，中度放牧条件下，土壤无机氮积累量、土壤净氮矿化速率、氨化速率、硝化速率的季节均值最高，可能的原因是中度放牧能加速微生物的降解，有利于土壤氮矿化（Yan，et al.，2016）。放牧对阿根廷中部拉潘帕省东南部 *Stipa tenuis* 草原的土壤氮矿化作用的影响不显著（Andrioli，et al.，2010）。重度放牧促进了对陇东黄土高原区典型草原土壤氮转化，可能与放牧家畜粪便和尿液的归还有关（Liu，et al.，2011）。此外，在青藏高原地区，放牧条件下，若尔盖高寒草甸的土壤的净氮矿化速率和硝化速率较高（赵宁等，2014）；而适度放牧对海北高寒草甸土壤氮矿化作用没有显著的影响（Wang，et al.，2012）。整合分析研究表明，全球尺度上，放牧使得草原土壤净氮矿化和土壤硝化速率分别增加了34.67%和25.87%（Zhou，et al.，2017）。造成不同研究结论存在差异的可能原因是放牧强度、放牧制度、土壤类型、植被类型等多种因素共同制约土壤氮矿化过程（Singer and Schoenecker，2003；Barger，et al.，2004；Shan，et al.，2011；代景忠等，2012）。

1.4 生态样带研究概况

1.4.1 陆地生态样带的提出和建立

由于人口急剧增长和技术发展使人类活动对全球环境产生了空前的影响。全球气候变化不仅成为近年来科学研究的热点，而且已成为全人类共同关心的问题。生态样带（Ecological Transect）研究是探讨全球气候变化与陆地生态系统关系的有效途径之一（张新时和杨奠安，1995；Oren，et al.，2001；Pepin and Korner，2002），是国际地圈生物圈计划在全球变化研究中最引人重视的创新处之一（王植，2008）。全球变化的陆地生态样带是由一系列沿着某种具有控制陆地生态系统结构、功能和组成，生物圈大气圈的痕量气体交换和水分循环的全球变化驱动力：温度、降水和土地利用梯度变化的生态研究站点、观测点和研究样地组成的研究平台（Kochg，et al.，1995；侯向阳，2012；周贵尧，2016）。根据全球各地区对全球变化的敏感强度，国际地圈-生物圈计划于20世纪90年代中期在全球确定了13条陆地样带，到2001年建议的样带增加为15条（Steffen，et al.，1992；Canadell，2001），这些样带一般为长1000km、宽200～300km，沿重要的环境梯度排列（IGBP，2006）。

1.4.2 陆地生态样带的概况

IGBP建立的15条陆地样带分布于全球5个关键区域（周广胜和何奇瑾，2012）。

分布于潮湿热带地区的样带分别是卡拉哈里样带（Kalahari Transect）、稀树草原样带（Savanna on the Long-Term）、北澳大利亚热带样带（North Australian Tropical Transect）。3个样带植被类型是热带森林及其农业派生群落，土地利用强度和降水分别是全球变化的主要驱动因素和次要驱动因素。阿根廷样带（Argentina Transect）、中国东北样带（North East Chinese Transect，NECT）、北美中纬度样带（North American Mid-Latitude Transect）分布于中纬度半干旱地区，3个样带植被类型是森林-草原-灌丛，全球变化的主要驱动因素是降水，次要驱动因素是降水与养分状况。西伯利亚远东样带（Siberia Far East Transect）、西西伯利亚样带（Siberia West Transect）、欧洲样带（Europe Transect）、北方林样带（Boreal Forest Transect Case Study）、阿拉斯加纬度样带（Alaskan Latitudinal Gradient）分布于高纬度地区，5个样带植被类型是北方森林-冻原，温度和土地利用强度分别是全球变化的主要驱动因素和次要驱动因素。亚马孙样带（Amazon，LBA）、迈澳姆宝森林样带（Miombo Woodlands Transect）、东南亚样带（South East Asian Transect）分布于半干旱热带地区，3个样带植被类型是森林-疏林-灌丛（稀树干草原），全球变化的主要驱动因素和次要驱动因素分别是降水和土地利用强度与养分状况。中国东部南北样带（North-South Transect of Eastern China）分布于中国东部地区，样带植被类型是森林-农田，全球变化的主要驱动因素和次要驱动因素分别是温度和土地利用强度（Steffen，et al.，1999；IGBP，2006；周广胜和何奇瑾，2012；侯向阳，2012）。

样带方法能够很好地提供区域和全球分析所需的关键机制和过程层面的信息。结合适当的野外实验，以厘清沿单一环境梯度上混杂的各种因素。样带是强大的机理研究的试验平台，对模型开发和验证研究非常重要。在IGBP样带上开展的研究显示了样带方法的价值，样带以研究生物物理连续体的过程和驱动因素为目的，如温度、降水和土壤质地，作为对碳和氮动态（储量和周转）和群落结构以及净初级生产力的控制因素。此外，大尺度生物物理连续体对于确定非线性反应和阈值以及研究植物分布和生态区/边界动态的生物控制因素至关重要（Canadell, et al., 2002）。

1.4.3 欧亚温带草原东缘生态样带概况

2012年，由侯向阳研究员提出并建立的欧亚温带草原东缘生态样带（Eastern Eurasian Steppe Transect）是一条跨国草原生态样带，跨越中国—蒙古—俄罗斯3个国家（侯向阳，2012）。南起中国长城，北至俄罗斯贝加尔湖东南缘，地理位置为39°～59°N，108°～118°E，南北长1400km，东西宽200km，样带梯度主要是热量和草原放牧利用方式，主要植被类型是以大针茅（*Stipa grandis*）和羊草（*Leymus chinensis*）为建群种的典型草原。该样带代表欧亚草原东缘植被生态地理分布，反映了土壤类型的基本格局和跨越不同人文地理区域的放牧梯度，具有重要的科学价值和草原可持续管理实际指导价值。样带研究内容主要包括主要草原生态系统结构、功能变化及生态化学计量特征，生物多样性分布格局和变化规律及对气候变化的响应；沿样带关键物种的遗传多样性、抗逆特性、逆境适应机制；沿样带不同放牧利用方式和强度的放牧生态效应；沿样带土地利用、覆盖变化对生态系统的影响等。该样带对于从大区域、大尺度揭示草原生态系统变化特征及其驱动机制，推动东北亚地区相关国家开展国际合作，共同应对全球变化挑战，制定适应性管理对策具有重要意义。

1.5 本研究的切入点、研究目标、研究内容和技术路线

1.5.1 研究切入点及研究目标

在过去的几十年，开展了一些放牧对草原土壤碳氮矿化的影响研究，但是结论不一致。分析原因可能是：一方面，这些研究多数采用单一的研究样点，而不同研究样点的气候条件、土壤条件、植物群落组成、放牧强度、放牧制度也不同，导致产生了不同的研究结果；另一方面，不同的草原土壤碳氮矿化研究，采用的研究方法不同，也会造成研究结果的不一致。因此，沿气候梯度样带，选取多个研究样点，采用同一种研究方法，开展土壤碳氮矿化作用及其对放牧的响应研究，能更好地揭示草原生态系统土壤碳氮矿化对放牧的响应机制。

基于以上分析，本项研究以欧亚温带草原东缘生态样带为研究平台，沿样带由南到北选取不同纬度的研究样点，采用野外观测及室内控制温度培养法，开展欧亚温带草原东缘生态样带典型草原土壤碳氮矿化作用及其对放牧的响应研究，结合植被特征、土壤理化性质以及土壤微生物群落结构特征数据，分析未放牧与放牧草地土壤碳氮矿化作用与植被、土壤、微生物的关系，探讨气候因子和放牧对土壤碳氮矿化作用的影响机理，为进

一步揭示气候变化与人为干扰对欧亚温带草原生态系统各组分及生态功能的调控机制提供理论依据。

1.5.2　研究内容

（1）植物群落特征　开展样带不同纬度上，未放牧和放牧条件下典型草原植物群落结构组成、生物量及多样性调查研究，分析植被与土壤碳氮矿化作用的关系。

（2）土壤理化性质特征　开展样带不同纬度上，未放牧和放牧条件下典型草原土壤容重、土壤粒径组成、土壤pH值、土壤有机碳、土壤全氮、土壤全磷研究，分析土壤理化性质与土壤碳、氮矿化作用的关系。

（3）土壤微生物及酶活性特征　开展样带不同纬度上，未放牧和放牧条件下典型草原土壤微生物生物量碳氮、群落结构组成与多样性以及土壤酶活性研究，分析土壤微生物与土壤碳、氮矿化作用的关系。

（4）土壤碳、氮矿化作用特征　在室内控制温度和湿度条件下，经过一段时间的培养，开展样带不同纬度上，不同温度条件下土壤碳、氮矿化作用的变化研究，分析放牧对欧亚温带草原东缘生态样带土壤碳、氮矿化作用的影响。

（5）土壤碳、氮矿化作用对放牧的响应机制　结合植被特征、土壤理化性质及土壤微生物数据，分析土壤碳、氮矿化作用与植被、土壤及土壤微生物的关系，探讨放牧对土壤碳、氮矿化作用的影响机制。

1.5.3 技术路线

根据上述研究目标和研究内容，本书技术路线如下（图 1.1）：首先，沿欧亚温带草原东缘生态样带，由南到北选取 5 个不同纬度的研究样点，在每个样点上选取未放牧样地和放牧样地成对草地样地，研究不同纬度样点放牧对土壤碳、氮矿化作用的影响；然后，在室内控制温度和湿度条件下，经过一段时间的培养，分析不同温度条件下土壤碳、氮矿化作用的变化，对比样点间和样地间土壤碳、氮矿化作用及其温度敏感性的差异，并采用野外调查

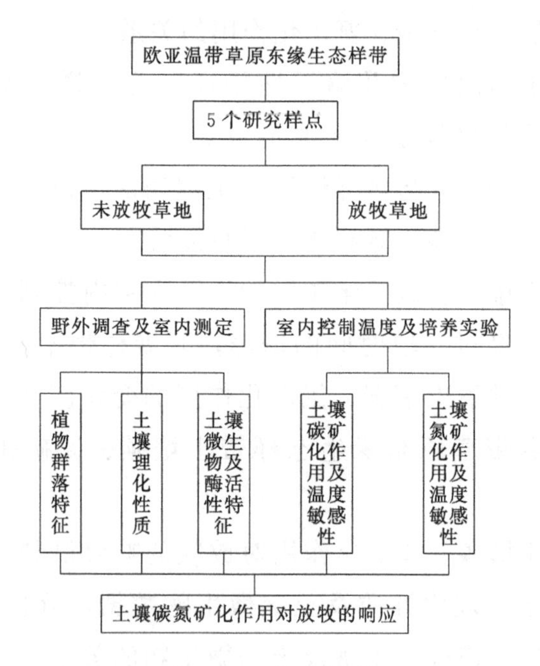

图 1.1　技术路线

取样与室内测定相结合的方法，获得植物群落特征、土壤理化性质、土壤微生物及酶活性特征数据；最后，分析未放牧与放牧草地土壤碳氮矿化作用与植被、土壤、微生物的关系，探讨土壤碳氮矿化作用对放牧的响应机理。

第2章 材料与方法

2.1 研究区概况

欧亚温带草原东缘生态样带处于东亚季风与北方寒流交替影响通道上，有明显的纬向热量梯度。样带年平均温度：最南端高达14℃，中部为2.6℃，最北端降至－5℃。样带代表欧亚草原东缘植被生态地理分布。植被类型可分为3类：东亚夏绿阔叶林植物区，欧亚草原植物区，西伯利亚针叶林区。面积最大的是中部的草原区，又可分为荒漠草原区、典型草原区和草甸草原区。沿样带由南向北，地带性土壤类型有褐土、棕钙土、栗钙土、黑钙土四类。样带反映了土壤类型的基本格局和跨越不同人文地理区域的放牧梯度，具有重要的科学价值和草原可持续管理实际指导价值。

2.2 研究方法

2.2.1 研究地点和样地设置

2015年5月，沿样带由南到北选择了5个样点，3个样点在中国，2个样点在蒙古国（表2.1）。5个样点跨越经度111°01′～116°40′E和纬度41°50′～47°18′N，海拔高度880～1382m。植被类型为大针茅＋羊草＋糙隐子草（*Cleistogenes squarrosa*）群落，属于典型草原。土壤为栗钙土。在每个研究样点上，选取了5个20m×20m的未放牧样地和5个20m×20m的放牧样地。未放牧样地是10年内未放牧的草地；放牧样地是放牧持续时间为10年左右的草地，放牧强度为2～3个羊单位/(公顷·年)。(高丽等，2019)

表2.1　5个样点基本概况

样点编号	行政区域名称	经度	纬度	海拔高度/m
T	中国内蒙古锡林郭勒盟太仆寺旗	115°02′E	41°50′N	1382
M	中国内蒙古锡林郭勒盟锡林浩特市	116°40′E	43°33′N	1249
E	中国内蒙古锡林郭勒盟东乌珠穆沁旗	116°07′E	44°55′N	880
S	蒙古国苏赫巴托尔省西乌尔特市	113°22′E	46°55′N	1143
K	蒙古国肯特省成吉思汗市	111°01′E	47°18′N	1157

2.2.2　气象数据来源

采用格点数据和anusplin插值法，获得了1981—2011年5个样点大气温度和降水量数据。格点数据来源于http：//rda.ucar.edu网站，由东安格利亚气候研究小组(CRU)全球性的时间序列计算而来。气象站点数据来自中国气象数据共享服务网站（http：//cdc.nmic.cn），1981—2011年地面监测点数据是从格点数据anusplin插值后得到的面数据中提取的。为了分析每个样点的气候干湿程度，采用 de Martonne 于 1926 年提出的干燥度计算方法得出干燥度指数（Aridity index，AI）（孟猛等，2004；高丽等，2019）：

$$I_{dM}=P/(T+10) \tag{2-1}$$

式中，I_{dM} 表示 de Martonne 干燥度，由多年平均降水量 P（mm）和平均温度值 T（℃）计算得出。I_{dM} 越大，气候越湿润，I_{dM} 越小，气候越干旱。

5 个样点年平均温度由北到南为 0.1～2.6℃，年平均降水量由低到高为 239～380mm（1981—2011 年）。干燥度指数在 21.0～30.2 之间，干燥度指数由小到大为：E＜S＜M＜K＜T（表 2.2）。

表 2.2　5 个样点气候特征

样点编号	年平均温度/℃	年平均降水量/mm	干燥度指数
T	2.6	380	30.2
M	2.4	346	27.9
E	1.4	239	21.0
S	0.9	282	25.9
K	0.1	299	29.6

2.2.3　植物群落特征调查

2015 年 8 月，在 5 个样点上选取的每个样地（5 个未放牧样地和 5 个放牧样地）内，随机选取 5 个 1m×1m 的样方，调查植被指标包括群落总盖度和植物分种盖度、多度及频度，然后将样方中植物地上部分剪掉，分种装入牛皮纸袋中，用于地上生物量的测定（高丽等，2019）。如果遇到降雨，等到雨停后，过几天再进行植物群落特征调查。

2.2.4　土壤样品采集及测定方法

（1）土壤样品采集　植物群落调查结束后，在每个样方内采集土壤样品，首先，为避免植物群落调查过程对土壤样品的影响，去掉地表1cm的土壤，然后利用土钻以5点法采集土壤样品，土钻直径为3.5cm，取样深度为20cm，将每个样方中得到的5份土壤进行均匀混合，装于冰盒中带回实验室（高丽等，2019）。其中一部分土壤鲜样用于测定土壤碳、氮矿化指标以及土壤微生物生物量碳（MBC）、微生物生物量氮（MBN）、酶活性、铵态氮（NH_4^+-N）含量、硝态氮（NO_3^--N）含量，另一部分土壤样品自然风干用于测定土壤粒径、组成、pH值、有机碳（SOC）、全氮（STN）、全磷（STP）。在每个样地内，用容积为100cm^{3}的土壤环刀分别随机取0～5cm、5～10cm、10～15cm、15～20cm深度的土样，并装入小铝盒，用于测定土壤容重，重复3次。

（2）室内实验及分析方法

① 土壤理化性质指标测定：测定土壤含水量、土壤容重、土壤粒径组成、土壤pH值分别采用烘干称重法、环刀法、马尔文MS2000激光粒度仪、BPH-220测试仪。采

用全自动间断化学分析仪（Clever Chem380）测定土壤NH_4^+-N含量、NO_3^--N含量，SOC测定采用重铬酸钾容量法-外加热法，采用半微量凯氏定氮法测定STN，采用$HClO_4$-H_2SO_4法测定STP（鲍士旦，2013；高丽等，2019）。

② 土壤微生物指标测定：MBC、MBN测定采用氯仿熏蒸-K_2SO_4提取法（吴金水等，2006）；土壤微生物群落结构及多样性测定采用16S V4区域扩增子测序分析技术（北京诺禾致源，2020）；土壤过氧化氢酶活性（SCA）测定采用高锰酸钾滴定法，土壤脲酶活性（SUA）采用苯酚-次氯酸钠比色法，土壤蔗糖酶活性（SIA）测定采用比色法（关荫松，1986）。

③ 土壤碳矿化速率测定：将100g风干土重的土壤鲜样（过2mm土壤筛）装入500mL密封罐，调节至60%土壤饱和含水量。土壤样品先在20℃恒温箱内放置一周，将装有10ml 1mol/L NaOH溶液的50ml玻璃瓶放入每个密封个罐中（保证在要求时间内能吸收完释放的CO_2，并有少量盈余），密封后分别置于5、15、25、35℃恒温培养箱。同时，在每个培养箱内，放置3个内置10ml 1mol/L NaOH溶液的没有土壤样品的密封罐，作为空白。于培养3、7、14、21天，将所有密封罐中的吸收液取出并换上新的吸收瓶，再按上述方法继续培养，同时进行空白试验。取出的NaOH溶液，加入5ml 1mol/L $BaCl_2$溶液，加入3滴酚酞指示剂，混匀，溶液变为粉红色，用1mol/L HCl

滴定至溶液变为白色，记录 HCl 用量，用于计算 CO_2 释放量。在每次测量后，将压缩空气冲入密封罐，用于 O_2 的补充。为了保持田间持水量的 60%，每 2～3 天补充 1 次去离子水。

④ 土壤氮矿化速率测定：将 40g 风干土重的土壤鲜样装入 50mL 塑料培养瓶，调节至 60%土壤饱和含水量，在 5、15、25、35℃恒温培养箱中进行培养。每隔 2 或 3 天补充去离子水，以保持 60%土壤饱和含水量，土壤 NH_4^+-N 含量、NO_3^--N 含量于培养 21 天后测定（高丽等，2019）。

2.2.5 指标计算

（1）植物群落地下生物量　由于调查植物群落特征时，未测定地下生物量，所以采用 Gill 等（2002）推导出来的式(2-2) 计算地下生物量：

$$BGB(g/m^2)=0.79AGB(g/m^2)-33.3(g/m^2/℃)(MAT+10)(℃)+1290(g/m^2) \quad (2\text{-}2)$$

式中，BGB 为植物群落地下生物量；AGB 为植物群落地上生物量；MAT 为年平均温度值。

（2）植物多样性指标

物种相对重要值计算公式如下（汝海丽等，2016）：

$$P_i=(\text{相对盖度}+\text{相对多度}+\text{相对频度})/3 \quad (2\text{-}3)$$

Margalef 丰富度指数（汝海丽等，2016）：

$$Ma=(S-1)/\ln N \tag{2-4}$$

Shannon 多样性指数（H）（Pielou，1975；马克平等，1995）：

$$H=-\sum P_i \lg(P_i) \tag{2-5}$$

Pielou 均匀度指数（J）（Hurlbert，1971；马克平等，1995）：

$$J=H/\ln S \tag{2-6}$$

式中，P_i 为物种 i 的相对重要值；S 为样方内物种总数；N 为群落中所有种的个体总数。

（3）土壤碳矿化指标

土壤有机碳矿化速率（C_{min}）计算公式为（杨开军等，2017）：

$$C_{min}=[(V_0-V)\times C_{HCl})/2]\times 44\times 12/44\times 1/m(1-w)\times 1/t \tag{2-7}$$

式中，C_{min} 为培养期间土壤碳矿化速率（C，干土）[mg/(g·d)]；V_0 为空白标定时消耗的标准 HCl 的体积（mL）；V 为样品滴定时消耗的标准 HCl 的体积（mL）；C_{HCl} 为标准 HCl 浓度（mol/L）；m 为每个密封罐中的鲜土质量（g）；w 为土壤水分质量分数（%）；t 为培养时间（d）。

土壤碳矿化速率与温度之间的关系基于指数模型（Xu，et al.，2012）：

$$R_T=A\times e^{kT} \tag{2-8}$$

式中，R_T、T、A 分别为土壤碳矿化速率［mg/(kg·d)］、培养温度（℃）、基质质量指数（substrate quality index），A 是温度为0℃时土壤碳矿化速率，k 为温度反应系数。

土壤碳矿化速率的温度敏感性用 Q_{10} 来表示，计算公式为：

$$Q_{10}=e^{10k} \tag{2-9}$$

土壤碳矿化速率表观活化能（E_a，kJ/mol）通过 Arrhenius 公式计算（Hamdi，et al.，2013）：

$$R_T=A\times \mathrm{e}^{-E_a/RT} \tag{2-10}$$

式中，A 是基质质量指数，R 是气体常数［8.314J/(mol·K)］，T 是温度（K）。

（4）土壤氮矿化指标

土壤氮矿化指标可通过以下公式分别计算（Xu，et al.，2007；赵宁等，2014；高丽等，2019）：

$$\Delta t=t_{i+1}-t_i \tag{2-11}$$

$$A_{\mathrm{amm}}=c[\mathrm{NH_4^+}\text{-N}]_{i+1}-c[\mathrm{NH_4^+}\text{-N}]_i \tag{2-12}$$

$$A_{\mathrm{nit}}=c[\mathrm{NO_3^-}\text{-N}]_{i+1}-c[\mathrm{NO_3^-}\text{-N}]_i \tag{2-13}$$

$$A_{\min}=A_{\mathrm{amm}}+A_{\mathrm{nit}} \tag{2-14}$$

$$R_{\mathrm{amm}}=A_{\mathrm{amm}}/\Delta t \tag{2-15}$$

$$R_{\mathrm{nit}}=A_{\mathrm{nit}}/\Delta t \tag{2-16}$$

$$R_{\min}=A_{\min}/\Delta t \tag{2-17}$$

式中，分别用 t_i 和 t_{i+1} 表示培养起始时间和结束时间，Δt 为培养时间；培养前和培养后土壤样品铵态氮含量（mg/kg）分别用 $c[NH_4^+\text{-}N]_i$ 和 $c[NH_4^+\text{-}N]_{i+1}$ 表示；培养前和培养后的土壤样品硝态氮含量（mg/kg）分别用 $c[NO_3^-\text{-}N]_i$ 和 $c[NO_3^-\text{-}N]_{i+1}$ 表示；一定培养时间内铵态氮（NH_4^+-N）、硝态氮（NO_3^--N）和无机氮（NH_4^+-N＋NO_3^--N）积累量分别用 A_{amm}、A_{nit} 和 A_{min} 表示；土壤氨化速率、硝化速率和净氮矿化速率［mg/(kg·d)］分别用 R_{amm}、R_{nit} 和 R_{min} 表示，氮矿化指标的单位都换算为单位风干土重。

Q_{10} 通过以下公式计算（Fissore，et al.，2013；Liu，et al.，2017；高丽等，2019）：

$$Q_{10}=(N_2/N_1)[10/(T_2-T_1)] \quad (2\text{-}18)$$

式中，N_1 和 N_2 分别为 T_1 和 T_2 培养温度（℃）下的土壤净氮矿化速率。

土壤氮矿化速率表观活化能（E_a，kJ/mol）通过 Arrhenius 公式计算（Hamdi，et al.，2013；高丽等，2019）：

$$R_{min}=A\times e^{-E_a/RT} \quad (2\text{-}19)$$

式中，A 是基质质量指数，表示温度为 0℃时土壤净氮矿化的速率，R 是气体常数［8.314J/(mol·K)］，T 是温度（Kelvin，K）。

（5）放牧响应比　本研究采用响应比（the response ratio，RR）来反映土壤碳、氮矿化指标对放牧的响应效应（Hedges，et al.，1999；Luo，et al.，2006；周贵尧和吴沿友，2016；高丽等，2019），计算公式如下：

$$RR=\ln(X_t/X_c)=\ln X_t-\ln X_c \qquad (2\text{-}20)$$

式中，X_t 和 X_c 分别表示放牧处理的平均值和未放牧对照组的平均值。当 $RR=0$，表示放牧处理组和未放牧对照组之间无差异。如果 $RR<0$，表示放牧产生了负效应；如果 $RR>0$，表示放牧产生了正效应。

方差（υ）采用以下公式：

$$\upsilon=S_t^2/n_tX_t^2+S_c^2/n_cX_c^2 \qquad (2\text{-}21)$$

式中，n_t 和 n_c 分别为放牧处理组和未放牧对照组的样本量，S_t 和 S_c 分别为放牧处理组和未放牧对照组所选变量的标准差。

2.2.6　统计分析

应用 Microsoft Excel 2019 对气候、植物群落、土壤理化性质、土壤微生物、土壤碳氮矿化指标等数值进行计算和绘图。利用 SPSS22.0 软件进行方差分析，LSD 法检验样点或样地间的差异显著性（$P<0.05$）采用单因素方差分析（One-way ANOVA）获得。采用 Pearson 和 Spearman 相关分析检验各指标之间相关性（$P<0.05$）。采用室内培养温度为 25℃、培养时间为 21d 的土壤碳氮矿化指标进行样点或样地之间的比较以及土壤碳氮矿化影响

因素的分析。

利用 R3.6.1 进行统计分析，将与土壤碳氮矿化指标相关的植被因子、土壤理化因子、土壤微生物因子作为解释变量，采用线性混合效应模型（linear mixed-effects model，LMEM）考察未放牧样地和放牧样地各因子对土壤碳氮矿化变异的相对贡献。在模型中，将植被因子、土壤理化因子、土壤微生物因子作为固定效应，不同样点的（未放牧或放牧）样地编号作为随机效应。采用 lme4 包和 nlme 包完成 LMEM 模型的分析（Chen，et al.，2015；邱华等，2020）。

第3章
结果与分析

3.1 植物群落结构特征

3.1.1 植物群落结构组成

5个样点植物群落物种分布在禾本科、百合科、菊科、藜科、豆科和蔷薇科的比例较高，5个样点这6个科的植物种数占总种数的百分比平均值为83.0%。其中，以禾本科植物占据优势地位，其次是百合科，再其次是菊科。在未放牧样地和放牧样地，除了干燥度指数最低（最干旱）的E样点，其余样点（S样点、M样点、K样点和T样点）植物种数随纬度升高而减少。E样点的未放牧和放牧样地植物种数相同，放牧造成S样点、M样点、K样点和T样点的植物种数减少，其中干燥度指数最高（最湿润）的T样点放牧样地植物种数减少幅度最大（表3.1）。

表 3.1 5个样点植物群落组成

样点	样地	总种数	物种数分布							
			禾本科	百合科	菊科	藜科	豆科	蔷薇科	小计	所占百分比/%
E	N	18	3	4	3	2	2	1	15	83.3
	G	18	5	5	1	3	3	0	17	94.4
S	N	12	3	2	2	0	1	0	8	66.7
	G	9	3	0	2	1	1	0	7	77.8
M	N	13	7	3	0	1	0	0	11	84.6
	G	10	4	3	0	0	1	1	9	90.0
K	N	10	3	0	2	2	2	1	10	100.0
	G	8	2	0	1	2	0	1	6	75.0
T	N	28	4	3	5	2	2	4	20	71.4
	G	15	5	1	3	0	0	4	13	86.7

注：首列中E、S、M、K、T分别代表5个样点，按照干燥度指数由小到大排列，详细信息请见表2.1和表2.2；第二列中N代表未放牧样地，G代表放牧样地。

3.1.2 植物群落生物量

（1）不同样点植物群落生物量　5个样点间植物群落地上生物量、地下生物量和总生物量差异显著。在未放牧样地，M样点地上生物量、地下生物量和总生物量均大于E样点、S样点、K样点和T样点；T样点、S样点的地上生物量大于E样点、K样点，T样点与S样点以及E样点与K样点之间差异均不显著；S样点、K样点地下生物量显著大于T样点、E样点，S样点与K样点以及T样点与E样点之前差异均不显著；S样点总生物量显著大于E样点、T样点，K样点与S样点、E样点、T样点以及T样点与E样点之间差异均不显著。在放牧样地，M样点地上生物量显著大于E样点、S样点、K样点和T样点，T样点、K样点显著大于E样点、S样点，T样点与K样点以及E样点与S样点之间差异均不显著；M样点、K样点地下生物量和总生物量显著大于E样点、S样点和T样点，S样点、T样点显著大于E样点，M样点与K样点以及T样点与S样点之间差异均不显著（表3.2）。

表3.2 5个样点植物群落生物量 单位：g/m^2

指标	样地	E	S	M	K	T
地上生物量	N	90.06±9.21c	114.52±2.85b	212.17±6.56a	85.91±7.58c	123.44±3.56b
	G	21.13±2.00c	30.15±2.95c	84.20±4.78a	54.61±4.09b	59.01±5.57b
地下生物量	N	981.53±7.27c	1017.50±2.25b	1044.70±5.17a	1021.54±5.99b	967.94±2.81c
	G	927.07±1.58c	950.85±2.33b	943.60±3.78a	996.81±3.23a	917.04±4.40b
总生物量	N	1071.59±16.48c	1132.03±5.10b	1256.87±11.73a	1107.46±13.56bc	1091.38±6.37c
	G	948.20±3.58c	981.00±5.27b	1027.80±8.56a	1051.42±7.31a	976.04±9.97b

注：1. 表格内的数值为平均值±标准误差。同一指标同一处理同行有相同字母表示样点间差异不显著（$P>0.05$），不同字母表示差异显著（$P<0.05$）。

2. 首行中E、S、M、K、T分别代表5个样点，按照干燥度指数由小到大排列，详细信息见表2.1和表2.2；第二列中N代表未放牧样地，G代表放牧样地。

(2) 放牧对植物群落生物量的影响　放牧降低了5个样点的植物群落地上生物量[图3.1(a)]、地下生物量[图3.1(b)]和总生物量[图3.1(c)]。放牧对植物群落地上生物量影响最大,其次是地下生物量,对总生物量的影响最小。在干燥度指数较低(相对干旱)的E样点、S样点、M样点,植物群落地上生物量、地下生物量和总生物量降低幅度较大,在干燥度指数较高(相对湿润)的K样点、T样点,植物群落地上生物量、地下生物量和总生物量降低幅度较小。

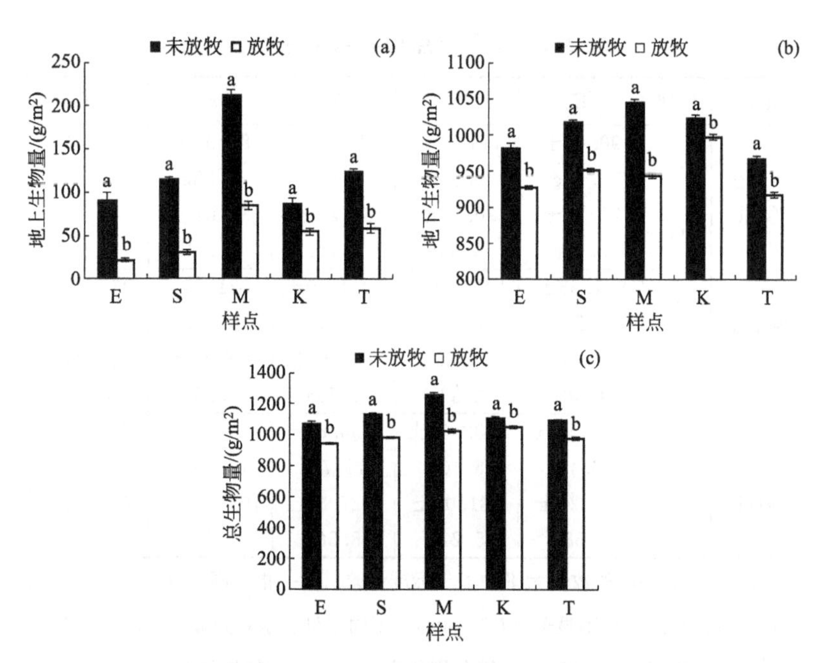

图3.1　5个样点未放牧和放牧样地植物群落生物量

[同一样点相同字母表示样地间差异不显著($P>0.05$),不同字母表示差异显著($P<0.05$)]

3.1.3 植物群落物种多样性

（1）不同样点植物群落物种多样性 5个样点植物群落 Margalef 丰富度指数、Shannon 多样性指数和 Pielou 均匀度指数有不同差异（表 3.3）。在未放牧样地，干燥度指数最高（最湿润）的 T 样点的 Margalef 丰富度指数显著大于 E 样点、S 样点、M 样点和 K 样点，E 样点、S 样点、M 样点和 K 样点之间的 Margalef 丰富度指数没有显著差异；T 样点的 Shannon 多样性指数显著大于 S 样点、M 样点，E 样点、K 样点显著大于 S 样点，E 样点与 M 样点、K 样点、T 样点之间差异不显著，M 样点与 S 样点、K 样点、T 样点以及 T 样点和与 K 样点之间差异也不显著；5 个样点的 Pielou 均匀度指数没有显著差异。在放牧样地，干燥度指数最低（最干旱）的 E 样点的 Margalef 丰富度指数与干燥度指数最高（最湿润）的 T 样点间无显著差异，但大于 S 样点、M 样点、K 样点，S 样点显著大于 M 样点，K 样点与 S 样点、M 样点之间的 Margalef 丰富度指数差异不显著；E 样点、S 样点、T 样点的 Shannon 多样性指数显著大于 M 样点、K 样点，M 样点的 Pielou 均匀度指数显著小于 E 样点、S 样点、K 样点和 T 样点，E 样点、S 样点、K 样点和 T 样点的 Pielou 均匀度指数之间没有显著差异。

表 3.3 5个样点植物群落物种多样性

指标	样地	E	S	M	K	T
Margalef丰富度指数	N	1.45±0.15b	1.04±0.13b	1.28±0.15b	1.11±0.17b	2.35±0.17a
	G	1.83±0.17a	1.12±0.03b	0.69±0.04c	0.90±0.09bc	1.52±0.10a
Shannon多样性指数	N	0.60±0.03ab	0.44±0.05c	0.55±0.06bc	0.62±0.06ab	0.70±0.04a
	G	0.78±0.03a	0.63±0.02a	0.30±0.02b	0.35±0.05b	0.67±0.07a
Pielou均匀度指数	N	0.35±0.01a	0.34±0.01a	0.37±0.01a	0.37±0.00a	0.35±0.01a
	G	0.35±0.01a	0.38±0.00a	0.32±0.01b	0.38±0.01a	0.38±0.01a

注：1. 表格内的数值为平均值±标准误差。同一指标同一处理同行有相同字母表示样点间差异不显著（$P>0.05$），不同字母表示差异显著（$P<0.05$）。

2. 首行中E、S、M、K、T分别代表5个样点，按照干燥度指数由小到大排列，详细信息见表2.1和表2.2；第二列中N代表未放牧样地，G代表放牧样地。

（2）放牧对植物群落物种多样性的影响　放牧对5个样点的植物群落Margalef丰富度指数［图3.2（a）］、Shannon多样性指数［图3.2（b）］和Pielou均匀度指数［图3.2（c）］产生了不同的影响。放牧降低了干燥度指数较高（相对湿润）的M样点、K样点、T样点的Margalef

丰富度指数，而对干燥度指数较低（相对干旱）的E样点和S样点的Margalef丰富度指数影响不大；放牧升高了干燥度指数较低（相对干旱）的E样点和S样点Shannon多样性指数，而降低了干燥度指数较高（相对湿润）的M样点和K样点的Shannon多样性指数，对干燥度指数最高（最湿润）的T样点的Shannon多样性指数影响不显著；放牧分别升高和降低了S样点和M样点的Pielou均匀度指数，对E样点、K样点、T样点的Pielou均匀度指数没有显著的影响。

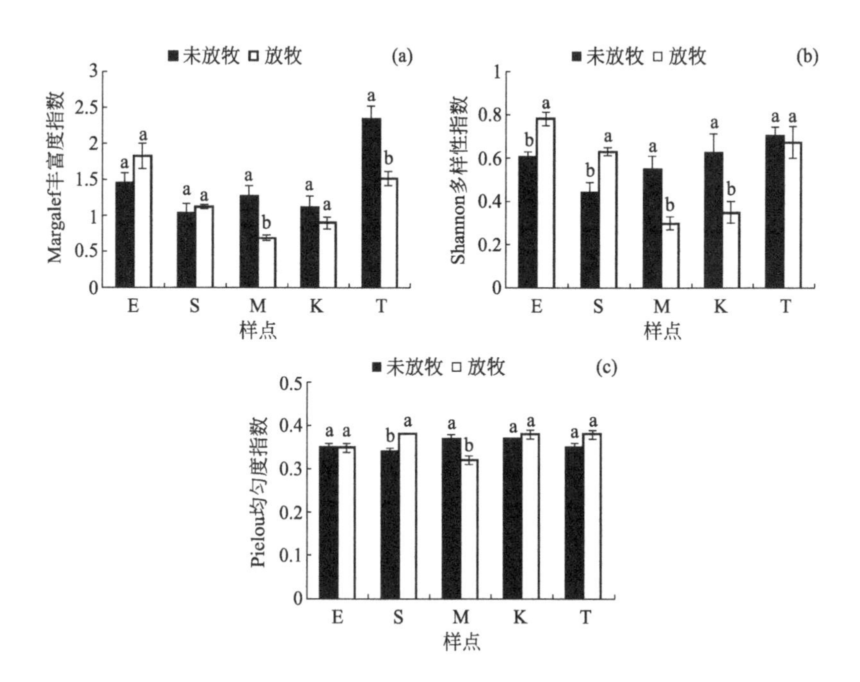

图3.2 5个样点未放牧和放牧样地植物群落物种多样性

3.2 土壤理化性质特征

3.2.1 土壤容重

（1）不同样点土壤容重　5个样点不同样地土壤容重变化范围在1.11～1.52g/cm³。在未放牧样地，E样点土壤容重显著大于S样点、M样点、K样点和T样点，T样点、K样点显著大于M样点、S样点；在放牧样地，E样点和K样点差异不显著，S样点、M样点、T样点之间的土壤容重差异显著，土壤容重由大到小为：K、E＞T＞M＞S（表3.4）。

表3.4　5个样点土壤容重　单位：g/cm³

样地	E	S	M	K	T
N	1.52±0.02a	1.18±0.02c	1.15±0.01c	1.38±0.01b	1.39±0.01b
G	1.43±0.01a	1.11±0.02d	1.22±0.02c	1.46±0.01a	1.36±0.01b

注：1. 表格内的数值为平均值±标准误差。同一处理同行有相同字母表示样点间差异不显著（$P>0.05$），不同字母表示差异显著（$P<0.05$）。

2. 首行中E、S、M、K、T分别代表5个样点，按照干燥度指数由小到大排列，详细信息清见表2.1和表2.2；第二列中N代表未放牧样地，G代表放牧样地。

（2）放牧对土壤容重的影响　放牧对5个样点的土壤容重产生了不同的影响（图3.3）。在干燥度指数较高（相对湿润）的M样点、K样点，放牧造成土壤容重增加；在干燥度指数较低（相对干旱）的E样点、S样点，放牧反而降低了土壤容重；放牧对T样点土壤容重的影响不显著。

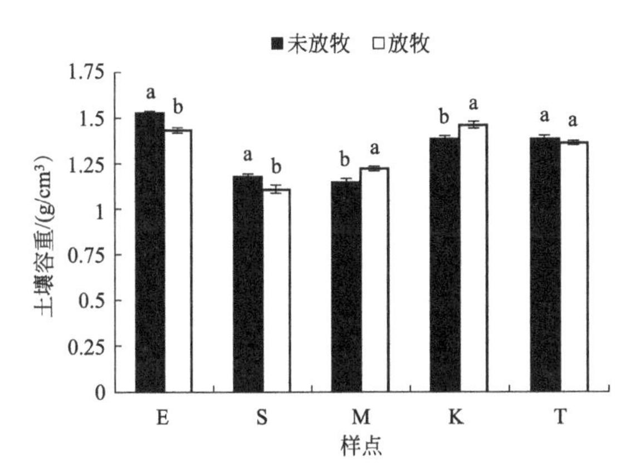

图3.3　5个样点未放牧和放牧样地土壤容重

3.2.2　土壤粒径组成

(1) 不同样点土壤粒径组成　本项研究采用美国制土壤粒径分级方法，即土壤黏粒（＜0.002mm）、粉粒（0.002～0.05mm）和砂粒（0.05～2.00mm）。由表3.5可以看出，5个样点土壤黏粒含量、粉粒含量和砂粒含量有不同差异。在未放牧样地，干燥度指数最高（最湿润）的T样点的土壤黏粒含量显著大于S样点、M样点、K样点，E样点与T样点、S样点、M样点、K样点之间差异不显著；T样点的土壤粉粒含量显著大于E样点、S样点、M样点、K样点，S样点的土壤粉粒含量显著大于E样点、M样点、K样点，K样点显著大于E样点，M样点与K样点、E样点之间差异不显著；土壤砂粒含量的最大值和最小值分别出现在干燥度指数最低（最干旱）的E样点和干燥度指数最高（最湿润）的T样点，E样点、M样点、K样点显著大于S样点、T样点，S样点显著大于T样点，E样点、M样点、K样点之间的土壤砂粒含量差异不显著。在放牧样地，S样点的土壤黏粒含量显著大于E样点、M样点、K样点、T样点，E样点显著大于M样点、K样点，T样点与E样点、M样点、K样点以及M样点与K样点之间差异不显著；S样点和T样点的土壤粉粒含量显著大于E样点、M样点、K样点，S样点与T样点以及E样点、M样点、K样点之间没有显著差异；E样点、M样点、K样点的土壤砂粒含量显著大于S样点、T样点，S样点与T样点以及E样点、M样点、K样点之间没有显著差异。

表3.5　5个样点土壤粒径组成　　单位：%

指标	样地	E	S	M	K	T
土壤黏粒含量	N	0.49±0.16ab	0.24±0.14b	0.28±0.17b	0.23±0.14b	0.89±0.21a
	G	0.37±0.12b	0.80±0.22a	0.01±0.01c	0.03±0.02c	0.07±0.04bc
土壤粉粒含量	N	11.23±0.66d	15.51±0.39b	12.35±0.37cd	13.23±0.76c	18.70±0.99a
	G	12.12±0.44b	16.12±1.45a	12.66±0.33b	12.64±0.46b	15.12±0.26a

续表

指标	样地	E	S	M	K	T
土壤砂粒含量	N	88.27±0.77a	84.25±0.41b	87.37±0.39a	86.54±0.76a	80.41±0.18c
	G	87.51±0.54a	83.08±1.67b	87.32±0.33a	87.33±0.48a	84.80±0.30b

注：1. 表格内的数值为平均值±标准误差。同一指标同一处理同行有相同字母表示样点间差异不显著（$P>0.05$），不同字母表示差异显著（$P<0.05$）。

2. 首行中E、S、M、K、T分别代表5个样点，按照干燥度指数由小到大排列，详细信息请见表2.1和表2.2；第二列中N代表未放牧样地，G代表放牧样地。

（2）放牧对土壤粒径组成的影响　放牧只对干燥度指数最高（最湿润）的T样点的土壤粒径组成产生了影响，降低了T样点的土壤黏粒含量[图3.4（a）]、粉粒含量[图3.4（b）]，升高了土壤砂粒含量[图3.4（c）]，在E样地、S样点、M样点、K样点，未放牧样地和放牧样地之间的土壤黏粒含量、粉粒含量和砂粒含量差异不显著。

3.2.3 土壤pH值

（1）不同样点土壤pH值　在未放牧样地，E样点和T样点土壤pH值显著大于S样点、M样点、K样点，S样点、M样点显著大于K样点，E样点与T样点、S样点与M样点之间差异不显著；在放牧样地，T样点的土壤pH值显著大于E样点、S样点、M样点、K样点，S样点、M样点显著大于E样点、K样点，S样点与M样点以

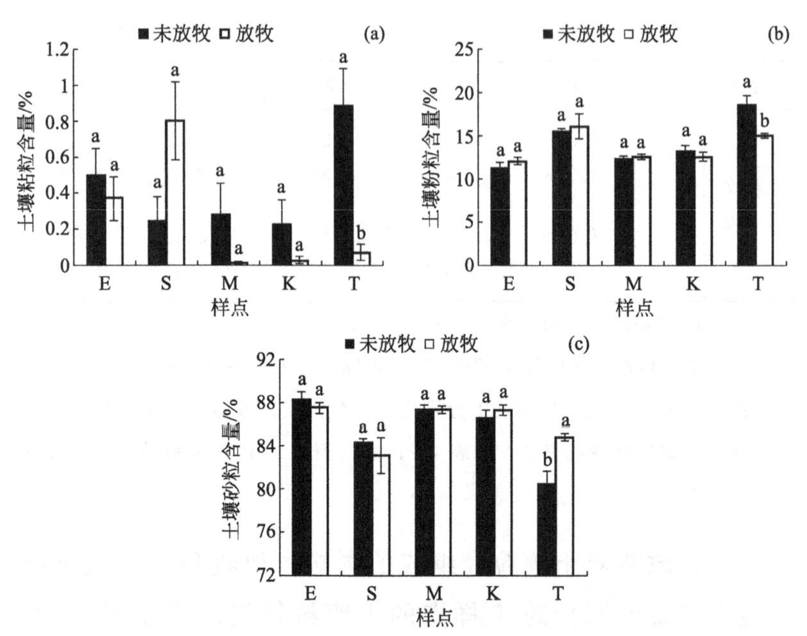

图 3.4　5 个样点未放牧和放牧样地土壤粒径组成

及 E 样点与 K 样点之间没有显著差异（表 3.6）。

表 3.6　5 个样点土壤 pH 值

样地	E	S	M	K	T
N	6.96±0.03a	6.60±0.07b	6.63±0.03b	6.21±0.08c	7.08±0.05a
G	6.56±0.04c	6.77±0.09b	6.75±0.01b	6.52±0.08c	7.07±0.02a

注：1. 表格内的数值为平均值±标准误差。同一处理同行有相同字母表示样点间差异不显著（$P>0.05$），不同字母表示差异显著（$P<0.05$）。

2. 首行中 E、S、M、K、T 分别代表 5 个样点，按照干燥度指数由小到大排列，详细信息请见表 2.1 和表 2.2；第二列中 N 代表未放牧样地，G 代表放牧样地。

（2）放牧对土壤 pH 值的影响　放牧对 5 个样点的土

壤 pH 值产生了不同的影响（图 3.5）。放牧降低了干燥度指数最低（最干旱）的 E 样点的土壤 pH 值，升高了 M 样点、K 样点的土壤 pH 值，而对 S 样点和 T 样点的土壤 pH 值影响不显著。

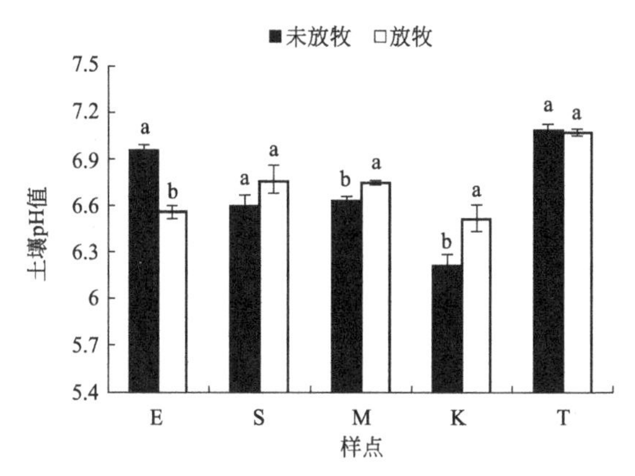

图 3.5　5 个样点未放牧和放牧样地土壤 pH 值

3.2.4　土壤有机碳、全氮、全磷含量

（1）不同样点土壤有机碳、全氮、全磷含量　在未放牧样地，位于北部（蒙古国境内）的 S 样点和 K 样点的土壤有机碳含量（SOC）显著大于位于南部（中国境内）的 E 样点、M 样点、T 样点，M 样点和 T 样点显著大于 E 样地，S 样点与 K 样点、M 样点与 T 样点之间差异不显著；干燥度指数最低（最干旱）的 E 样点的土壤全氮含量（STN）显著小于其余 4 个样点，S 样点和 K 样点的 STN 显著大于 M 样点，K 样点显著大于 T 样点，S 样点与 K

样点、T 样点以及 M 样点与 T 样点之间的 STN 差异不显著；S 样点和 K 样点的土壤全磷含量（STP）也显著大于 E 样点、M 样点、T 样点，E 样点、M 样点、T 样点之间的 STP 差异显著，STP 由大到小为：T＞M＞E，S 样点与 K 样点之间的 STP 没有显著差异。在放牧样地，SOC、STN 除了 M 样点和 T 样点差异不显著外，其余样点间的均差异显著，SOC、STN 由大到小为：S＞K＞T、M＞E，STP 的差异与未放牧样地相同（表 3.7）。

表 3.7　5 个样点土壤有机碳、全氮、全磷含量

单位：g/kg

指标	样地	E	S	M	K	T
土壤有机碳	N	9.57±0.78c	24.99±0.41a	19.04±0.43b	26.65±2.11a	19.31±0.36b
	G	9.94±0.90d	24.92±0.72a	15.01±0.31c	21.13±0.15b	15.24±0.36c
土壤全氮	N	1.37±0.11d	3.02±0.06ab	2.18±0.04c	3.04±0.24a	2.46±0.05bc
	G	1.33±0.01d	2.88±0.10a	1.87±0.05c	2.44±0.04b	1.83±0.20c
土壤全磷	N	0.27±0.01d	0.57±0.02a	0.32±0.01c	0.57±0.02a	0.43±0.01b
	G	0.27±0.01d	0.69±0.01a	0.38±0.01c	0.62±0.01a	0.54±0.04b

注：1. 表格内的数值为平均值±标准误差。同一指标同一处理同行有相同字母表示样点间差异不显著（$P>0.05$），不同字母表示差异显著（$P<0.05$）。

2. 首行中 E、S、M、K、T 分别代表 5 个样点，按照干燥度指数由小到大排列，详细信息请见表 2.1 和表 2.2；第二列中 N 代表未放牧样地，G 代表放牧样地。

（2）放牧对土壤有机碳、全氮、全磷含量的影响　放牧对不同样点 SOC［图 3.6（a）］、STN［图 3.6（b）］、STP［图 3.6（c）］的影响是不同的。在干燥度指数较高（相对湿润）的 M 样点、K 样点、T 样点，放牧造成 SOC、STN 下降；在干燥度指数较低（相对干旱）的 E 样点和 S 样点，放牧样地对 SOC、STN 的影响不显著。在干燥度指数较高（相对湿润）的 S 样点、M 样点、K 样点、T 样点，放牧增加了 STP；在干燥度指数最低（最干旱）的 E 样点，放牧对 STP 的影响不显著。

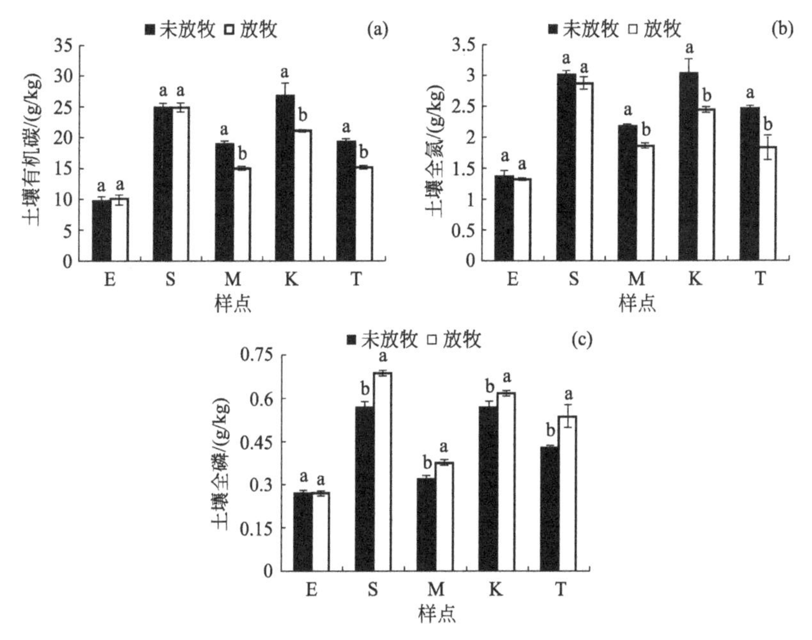

图 3.6　5 个样点未放牧和放牧样地

土壤有机碳（a）、全氮（b）、全磷（c）含量

3.3 土壤微生物及酶活性特征

3.3.1 土壤微生物生物量碳氮

（1）不同样点土壤微生物生物量碳氮　由表3.8可以看出，5个样点未放牧样地之间和放牧样地之间的土壤微生物生物量碳没有显著差异。在未放牧样地，土壤微生物生物量氮随着干燥度指数升高（湿润度增加）呈现增加趋势，其中，T样地的土壤微生物生物量氮显著大于E样点、S样点、M样点，K样点显著大于E样点，K样点与T样点、S样点、M样点之间以及E样点与S样点、M样点之间差异不显著，S样点与M样点之间差异也不显著；在放牧样地，S样点、M样点、T样点的土壤微生物生物量氮显著大于E样点、K样点，S样点、M样点、T样点之间以及E样点与K样点之间的土壤微生物生物量氮没有显著差异。

表3.8　5个样点土壤微生物生物量碳氮

单位：mg/g

指标	样地	E	S	M	K	T
土壤微生物生物量碳	N	0.51±0.32a	0.98±0.20a	0.66±0.23a	0.99±0.37a	1.11±0.50a
	G	0.35±0.18a	0.54±0.33a	0.69±0.69a	1.65±0.68a	1.17±0.76a

续表

指标	样地	E	S	M	K	T
土壤微生物生物量氮	N	0.03±0.01c	0.06±0.01bc	0.06±0.01bc	0.08±0.02ab	0.13±0.03a
	G	0.03±0.01b	0.10±0.01a	0.11±0.02a	0.03±0.01b	0.11±0.02a

注：1. 表格内的数值为平均值±标准误差。同一指标同一处理同行有相同字母表示样点间差异不显著（$P>0.05$），不同字母表示差异显著（$P<0.05$）。

2. 首行中E、S、M、K、T分别代表5个样点，按照干燥度指数由小到大排列，详细信息请见表2.1和表2.2；第二列中N代表未放牧样地，G代表放牧样地。

（2）放牧对土壤微生物生物量碳氮的影响　放牧对5个样点的土壤微生物生物量碳［图3.7（a)］没有产生显著的影响；放牧对不同样点土壤微生物生物量氮［图3.7(b)］的影响是不同的，放牧增加了S样点、M样点的土壤微生物生物量氮，而对E样点、K样点、T样点的土壤微生物生物量氮的影响不显著。

3.3.2　土壤细菌群落结构组成及多样性

（1）土壤微生物样品测序结果　为研究不同样点不同样地的土壤细菌群落物种组成，对所有样本的有效数据，以97%的一致性进行OTUs聚类，然后对OTUs的序列进行物种注释，共得到细菌OTU数12412个，隶属于2个界、44个门、56个纲、119个目、231个科、483个属、314个种。未放牧样地［图3.8（a)］和放牧样地［图3.8

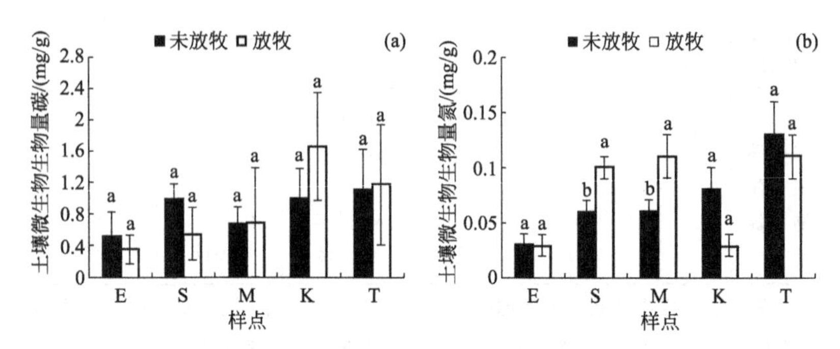

图 3.7　5 个样点未放牧和放牧样地土壤
微生物生物量碳（a）、微生物生物量氮（b）

(b)］绝大多数样品的稀疏曲线趋于平缓，说明该样品的OTU 覆盖度已达到饱和，能够反映各个样点和样地的土壤微生物群落结构组成。

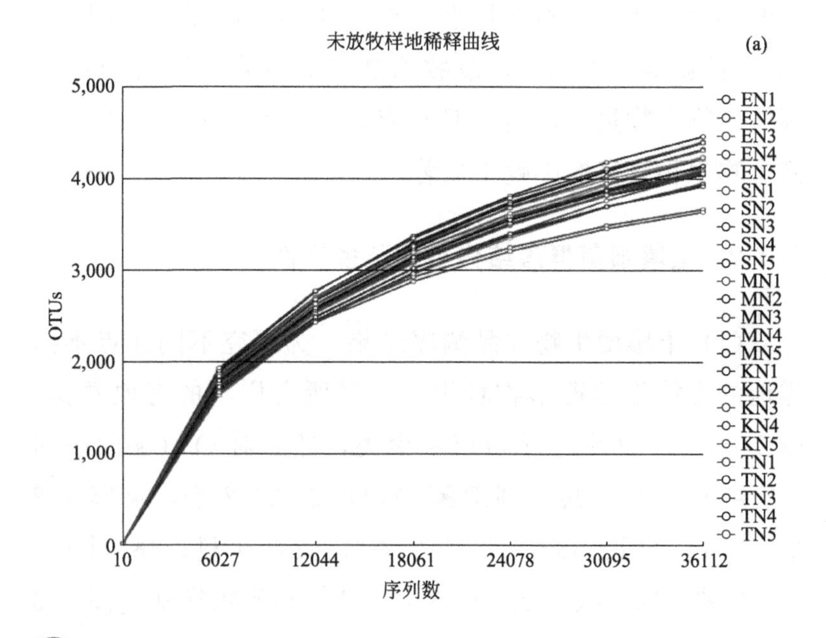

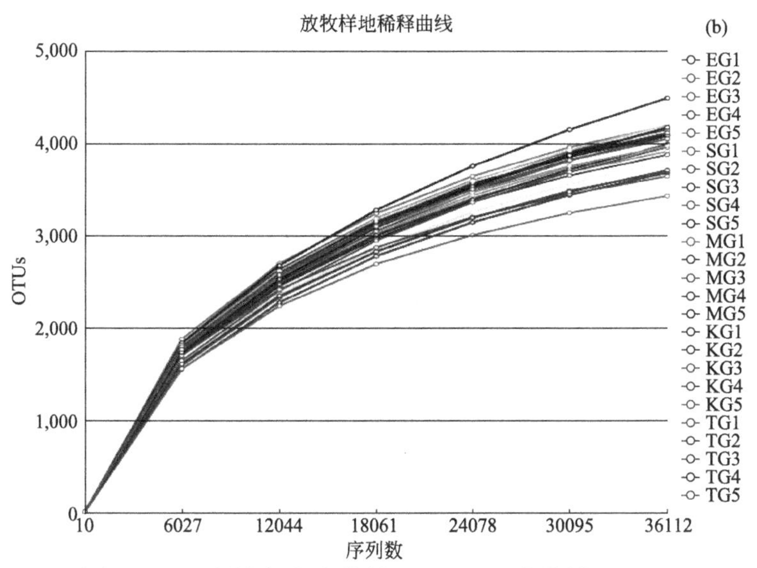

图 3.8　5 个样点未放牧样地（a）和放牧样地（b）土壤细菌样品在 97%水平上的稀释曲线

（图例中样品名称的第一个字母代表样点，第二个字母代表样地，第三个数字代表重复样品编号，例如 EN1 代表的是 E 样点未放牧样地第一个重复样品，EG1 代表的是 E 样点放牧样地第一个重复样品，下同）

在未放牧样地［图 3.9（a）］，5 个样点共有的 OUTs 数 4385 个，占总 OTUs 个数的 35.33%，5 个样点特有的 OTUs 个数在 381～464 之间，干燥度指数较高（相对湿润）的 M 样点、K 样点、T 样点特有的 OTUs 较多，干燥度指数较低（相对干旱）的 E 样点、S 样点特有的 OTUs 较少。在放牧样地［图 3.9（b）］，5 个样点共有的 OUTs 数 4145 个，占总 OTUs 个数的 33.40%，5 个样点特有的 OTUs 个数在 407～461 之间，干燥度指数最低（最干旱）的 E 样点的特有的 OTUs 最少。

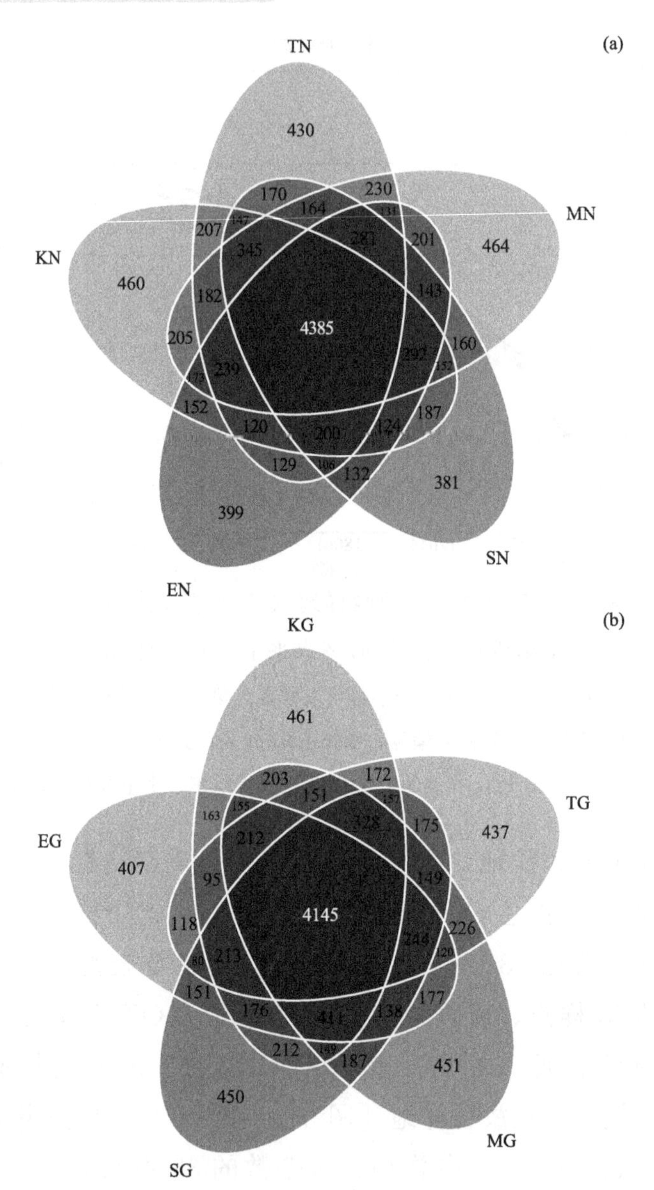

图 3.9　5 个样点未放牧样地（a）和放牧样地（b）土壤细菌 OTUs 韦恩图

（2）不同样点土壤细菌群落结构组成　在未放牧样地［图3.10（a）］，5个样点最大丰度排名前10的类群为酸杆菌门（Acidobacteria）、变形菌门（Proteobacteria）、放线菌门（Actinobacteria）、疣微菌门（Verrucomicrobia）、浮霉菌门（Planctomycetes）、芽单胞菌门（Gemmatimonadetes）、拟杆菌门（Bacteroidetes）、绿弯菌门（Chloroflexi）、奇古菌门（Thaumarchaeota）、厚壁菌门（Firmicutes）。其中酸杆菌门、变形菌门、放线菌门、疣微菌门相对丰度的和在75%左右。在放牧样地［图3.10（b）］，最大丰度排名前10的类群与未放牧样地相同，区别在于芽单胞菌门排在浮霉菌门前面。

对属水平的细菌相对丰度分析结果表明，在5个样点未放牧样地［图3.11（a）］和放牧样地［图3.11（b）］，相对丰度排名前5的属依次为*Candidatus _ Udaeobacter*、鞘氨醇单胞菌（*Sphingomonas*）、unidentified _ *Pyrinomonadaceae*、unidentified _ *Acidobacteria*、芽单胞菌属（*Gemmatimonas*），5个属的相对丰度值和在25%左右。其他相对丰度值大于0.5%的属还包括*Gaiella*、*Chthoniobacter*、*Haliangium*、红游动菌属（*Rhodoplanes*）、土壤红杆菌属（*Solirubrobacter*）、*Conexibacter*、慢生根瘤菌属（*Bradyrhizobium*）、链霉菌属（*Streptomyces*），还有只在放牧样地出现的芽孢杆菌属（*Bacillus*）。

（3）不同样点土壤细菌群落多样性由表3.9可以看出，在未放牧样地，M样点、K样点的OTU数目显著大

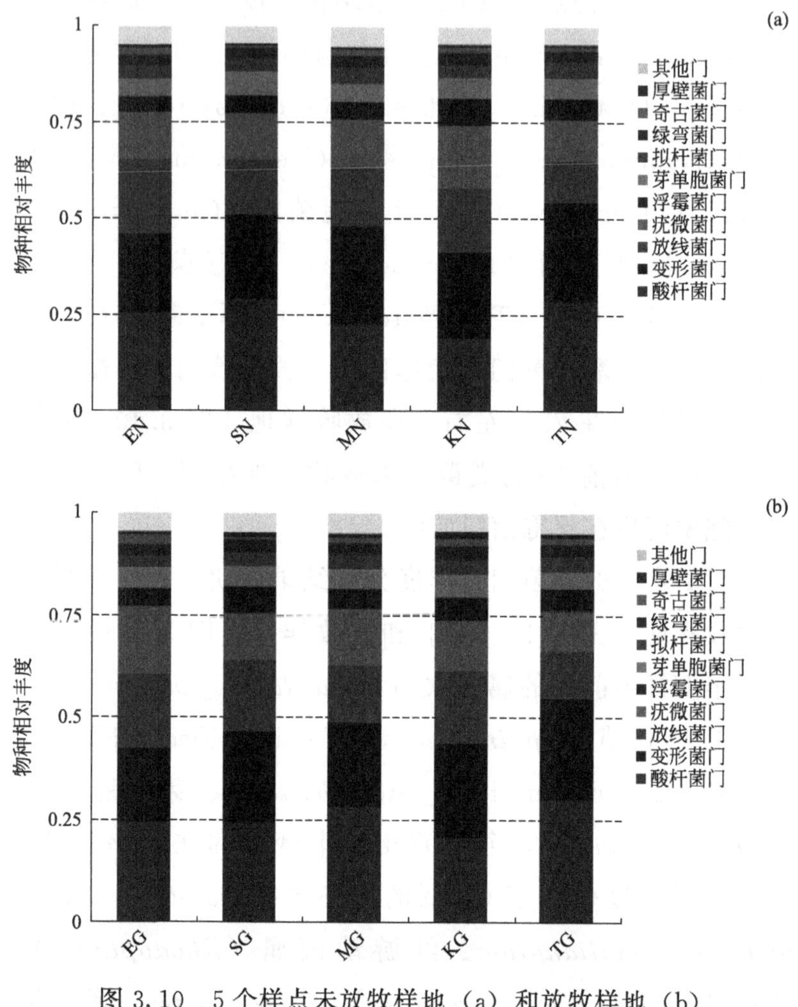

图 3.10 5 个样点未放牧样地（a）和放牧样地（b）土壤细菌门水平群落组成及物种相对丰度

于 E 样点，S 样点与其余 4 个样点、T 样点与其余 4 个样点、M 样点与 K 样点以及 S 样点与 T 样点之间差异不显

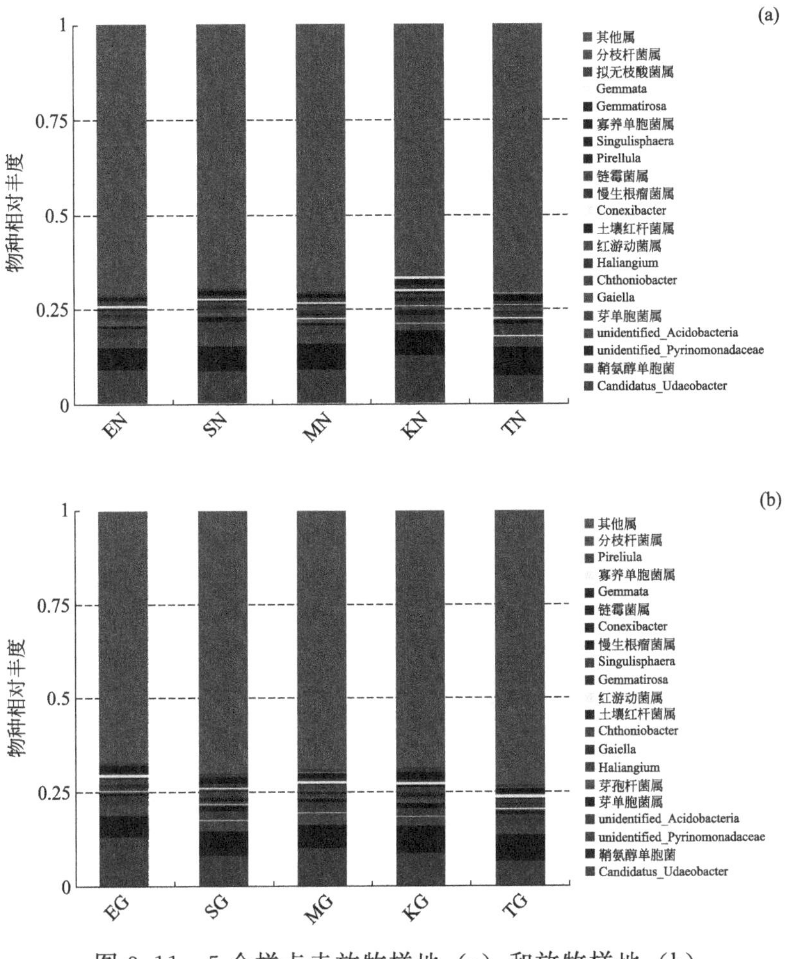

图 3.11　5 个样点未放牧样地（a）和放牧样地（b）
土壤细菌属水平群落组成及物种相对丰度

著；5 个样点间土壤细菌丰富度 chao1 指数、Ace 指数和土壤细菌多样性指数（Simpson 指数）没有显著差异；干燥度指数较高（相对湿润）的 M 样点、K 样点、T 样点的 Shannon 多样性指数显著大于干燥度较低（相对干旱）

的E样点、S样点。在放牧样地，S样点、M样点、K样点的OTU数目显著大于T样点，E样点与其余4个样点以及S样点、M样点、K样点之间差异不显著；M样点的chao1指数显著大于其余4个样点，其余4个样点之间的chao1指数差异不显著；M样点的Ace指数显著大于E样点、T样点，S样点与其余4个样点、K样点与其余4个样点、E样点与T样点以及S样点与K样点之间没有显著差异；S样点、K样点的Shannon指数显著大于E样点、T样点，S样点与K样点、E样点与T样点以及M样点与其余4个样点之间差异不显著；S样点、K样点的Simpson指数显著大于E样点，M样点与其余4个样点、T样点与其余4个样点以及S样点与K样点之间差异不显著。

表3.9　5个样点土壤细菌群落Alpha多样性

指标	样地	E	S	M	K	T
OTUs	N	3931±67b	4136±32ab	4234±170a	4285±27a	4110±71ab
	G	3865±81ab	4094±34.89a	4083±119a	4080±42a	3783±139b
chao1指数	N	5007±237a	5621±189a	5642±381a	5736±158a	5336±271a
	G	4954±255b	4972±164b	5766±296a	4981±176b	4768±307b

续表

指标	样地	E	S	M	K	T
Ace 指数	N	5238±210a	5881±179a	5866±404a	5917±106a	5522±199a
	G	5186±230b	5350±140ab	5909±323a	5305±141ab	4961±322b
Shannon 指数	N	9.52±0.13b	9.52±0.08b	9.79±0.07a	9.79±0.07a	9.64±0.07a
	G	9.34±0.12b	9.77±0.06a	9.51±0.12ab	9.77±0.05a	9.42±0.12b
Simpson 指数	N	0.9923±0.0014a	0.9924±0.0008a	0.9945±0.0004a	0.9937±0.0005a	0.9938±0.0004a
	G	0.9908±0.0012b	0.9945±0.0004a	0.9927±0.0011ab	0.9945±0.0004a	0.9927±0.0008ab

注：1. 表格内的数值为平均值±标准误差。同一指标同一处理同行有相同字母表示样点间差异不显著（$P>0.05$），不同字母表示差异显著（$P<0.05$）。

2. 首行中 E、S、M、K、T 分别代表 5 个样点，按照干燥度指数由小到大排列，详细信息请见表 2.1 和表 2.2；第二列中 N 代表未放牧样地，G 代表放牧样地。

（4）放牧对土壤微生物群落结构组成及多样性的影响

E 样点［图 3.12（a）］、S 样点［图 3.12（b）］、M 样点［图 3.12（c）］、K 样点［图 3.12（d）］、T 样点［图 3.12（e）］未放牧样地和放牧样地土壤共有的 OUTs 数在 5489～5948 之间，共有 OUTs 数是未放牧样地或放牧样地特有 OUTs 数的 3～4 倍，未放牧样地和放牧样地的特有 OUTs

数分别在 1718～1889 和 1445～1599 之间，未放牧样地的特有 OUTs 数高于放牧样地。

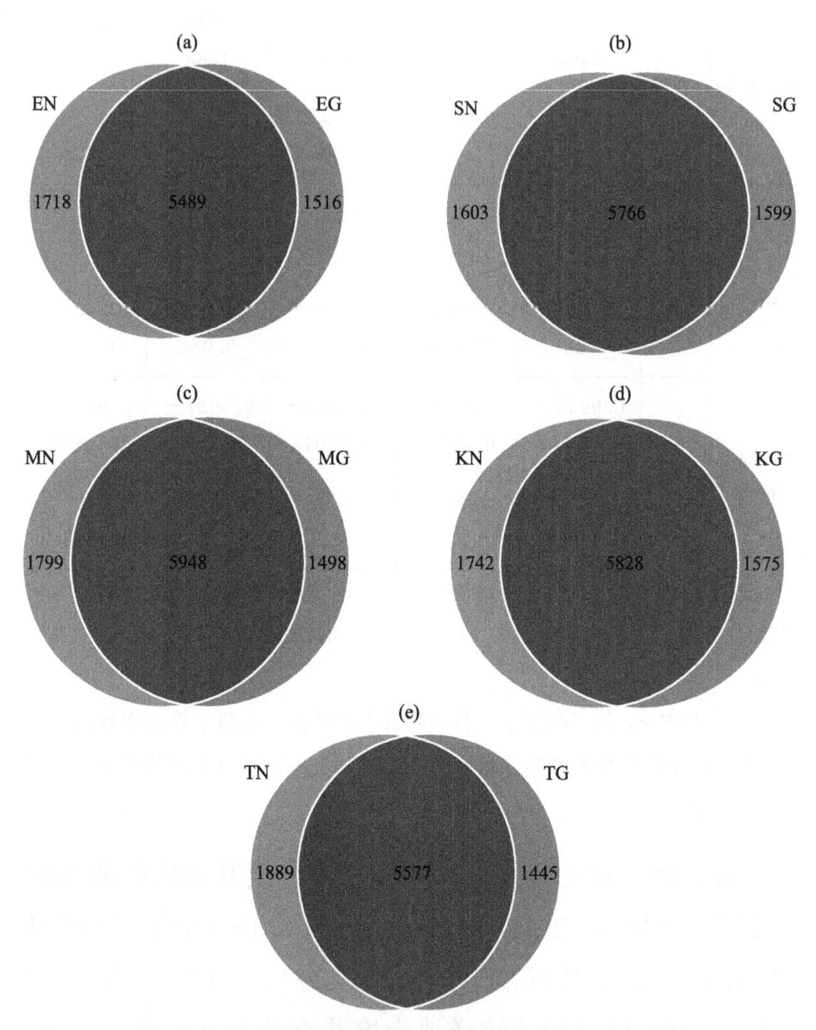

图 3.12　每个样点未放牧样地和放牧样地土壤细菌 OTUs 韦恩图

放牧对 5 个样点土壤细菌群落门水平的物种相对丰度产

生了不同的影响。放牧升高了 E 样点的疣微菌门和奇古菌门［图 3.13（a)］、S 样点的放线菌门和绿弯菌门［图 3.13（b)］、M 样点的酸杆菌门［图 3.13（c)］、T 样点的 Rokubacteria 的物种相对丰度［图 3.13（e)］，降低了 M 样点的变形菌门和广古菌门（Euryarchaeota)、K 样点的疣微菌门［图 3.13（d)］以及 T 样点的浮霉菌门、unidentified_Bacteria、迷踪菌门（Elusimicrobia）的物种相对丰度。

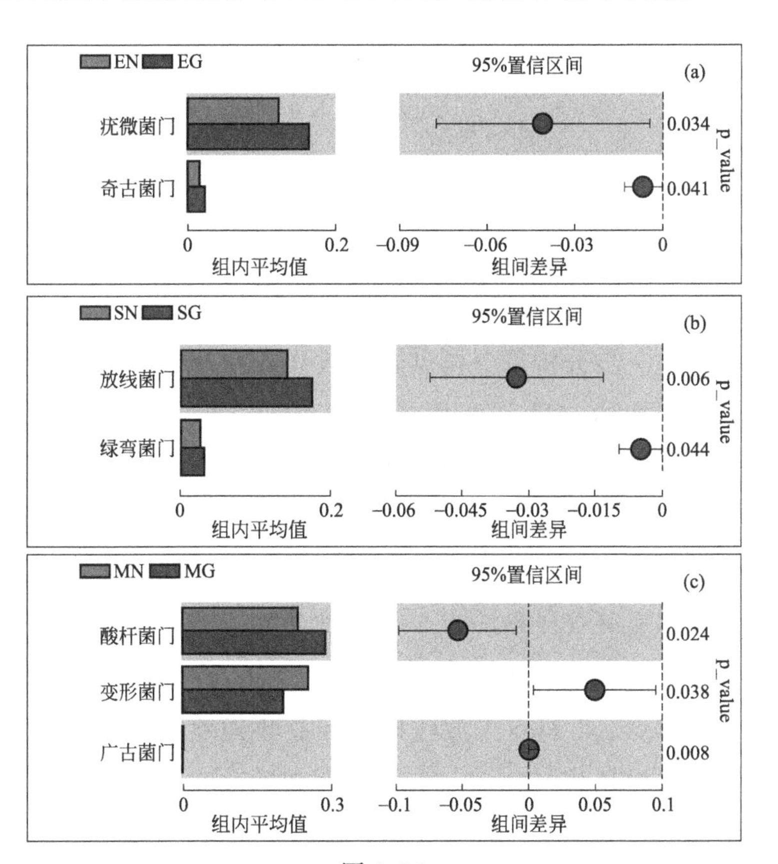

图 3.13

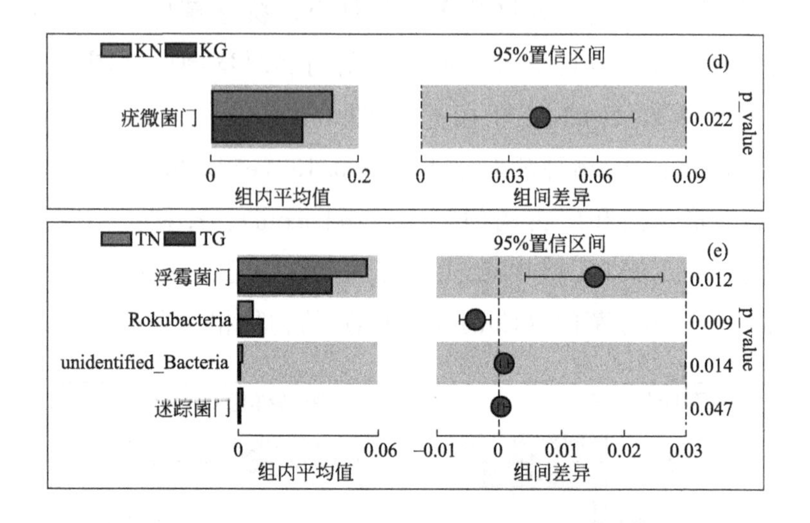

图 3.13 每个样点未放牧样地和放牧样地
土壤细菌群落门水平差异物种分析

为进一步分析每个样点未放牧样地和放牧样地土壤细菌群落结构的差异，选用 Amova 统计分析方法对每个样点未放牧样地和放牧样地的物种组成和群落结构进行差异显著性检验。结果表明，干燥度指数较低（相对干旱）的 E 样点、S 样点未放牧样地和放牧样地间土壤细菌群落结构差异不显著（$P>0.05$），说明放牧对土壤细菌群落结构没有显著的影响；干燥度指数较高（相对湿润）的 M 样点、K 样点、T 样点未放牧样地和放牧样地间土壤细菌群落结构差异显著（$P<0.05$），说明放牧改变了土壤细菌群落结构（表 3.10）。

表3.10　5个样点未放牧和放牧样地土壤细菌群落结构差异显著性检验（Amova）

样地	SS	df	MS	Fs	P
EN-EG	0.0481356 (0.245257)	1(8)	0.0481356 (0.0306571)	1.57013	0.070
SN-SG	0.0384541 (0.249496)	1(8)	0.0384541 (0.031187)	1.23302	0.193
MN-MG	0.0602397 (0.245078)	1(8)	0.0602397 (0.0306348)	1.96638	0.006
KN-KG	0.0678399 (0.259721)	1(8)	0.0678399 (0.0324651)	2.08962	0.007
TN-TG	0.0582604 (0.229637)	1(8)	0.0582604 (0.0287047)	2.02965	0.007

注：SS表示总方差；df表示自由度；MS表示均方（差）；Fs表示F检验值；P值小于0.05说明组间差异显著。残差项为括号里面对应的值。

放牧对5个样点土壤细菌群落Alpha多样性指标产生了不同影响。放牧减少了干燥度指数较高（相对湿润）的K样点、T样点的OTUs数[图3.14（a)]，对干燥度指数较低（相对干旱）的E样点、S样点、M样点影响不大；放牧降低了位于北部（蒙古国境内）的S样点、K样点的chao1指数[图3.14（b)]和Ace指数[图3.14（c)]，对位于南部（中国境内）的E样点、M样点、T样点的chao1指数和Ace指数的影响不显著；放牧增高了S样点的Shannon指数[图3.14（d)]，对E样点、M样点、K样点、T样点的Shannon指数没有显著的影响；放牧对5个样点的Simpson

指数没有产生显著的影响［图 3.14（e）］。

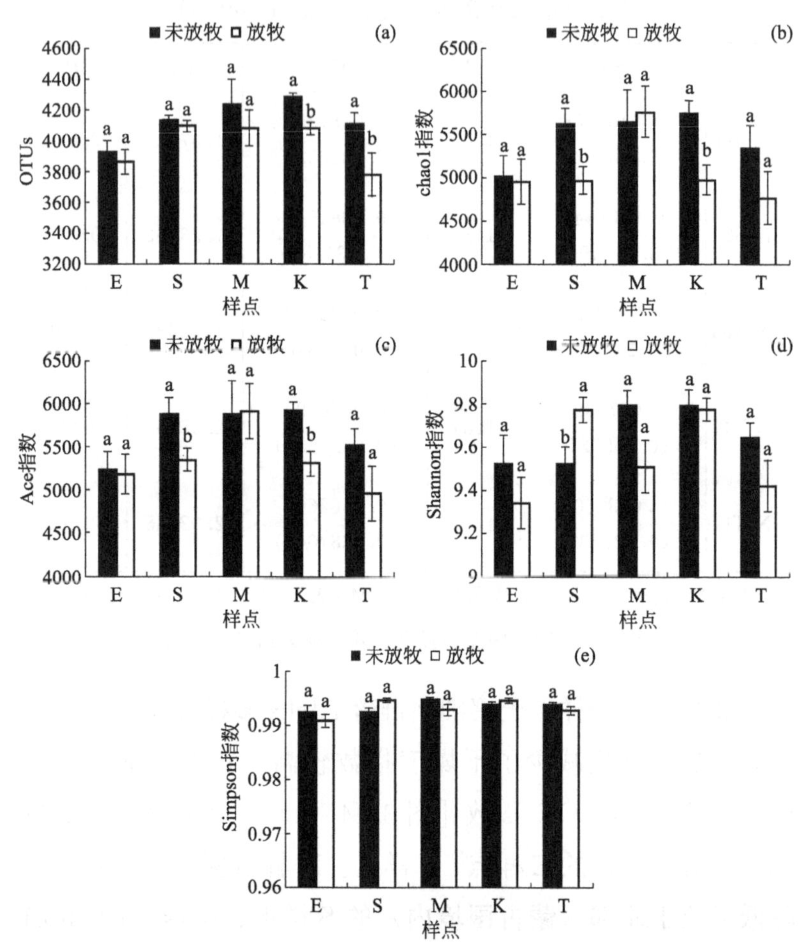

图 3.14　5 个样点未放牧和放牧样地土壤细菌群落 Alpha 多样性

3.3.3　土壤酶活性

（1）不同样点土壤酶活性　在未放牧样地，土壤过氧化氢酶活性（SCA）、脲酶活性（SUA）和蔗糖酶活性（SIA）随着干燥度指数的升高有升高的趋势；干燥度指数最高（最湿润）的T样点的SCA和SUA显著高于其余4个样点，干燥度指数最低（最干旱）的E样点的SIA显著低于其余4个样点，S样点、M样点的SCA显著高于E样点、K样点，S样点、M样点、K样点的SUA显著高于E样点。在放牧样地，5个样点之间的SCA均差异显著，SCA由大到小排序为：S>M>E>T>K；K样点的SUA显著高于其余4个样点，T样点显著高于E样点，E样点、S样点、M样点之间差异显著，SUA由大到小排序为：M>S>E，T样点与S样点、M样点的SUA差异不显著；S样点的SIA显著大于其余4个样点，T样点、M样点显著高于E样点、K样点（表3.11）。

表3.11　5个样点土壤酶活性

指标	样地	E	S	M	K	T
土壤过氧化氢酶/(mg/g)	N	2.81±0.10c	3.26±0.10b	3.43±0.03b	2.68±0.14c	4.68±0.06a
	G	5.05±0.25c	6.21±0.04a	5.72±0.10b	3.77±0.05e	4.39±0.20d
土壤脲酶/($\mu g \cdot g^{-1} \cdot 24h^{-1}$)	N	22.64±1.04c	40.67±2.60b	41.77±2.42b	49.01±6.29b	79.79±3.89a
	G	27.17±1.72d	51.00±2.53c	67.87±1.88b	87.42±7.34a	63.88±6.77bc

续表

指标	样地	E	S	M	K	T
土壤蔗糖酶/(mg/g)	N	7.91±1.39b	14.65±1.32a	14.28±1.12a	17.69±0.93a	16.06±1.41a
	G	6.23±0.61c	19.79±1.32a	15.89±0.75b	5.67±0.29c	13.32±1.42b

注：1. 表格内的数值为平均值±标准误差。同一指标同一处理同行有相同字母表示样点间差异不显著（$P>0.05$），不同字母表示差异显著（$P<0.05$）。

2. 首行中 E、S、M、K、T 分别代表 5 个样点，按照干燥度指数由小到大排列，详细信息请见表 2.1 和表 2.2；第二列中 N 代表未放牧样地，G 代表放牧样地。

（2）放牧对土壤酶活性的影响　放牧对干燥度指数最高（最湿润）的 T 样点的 SCA［图 3.15（a）］和 SUA［图 3.15（b）］没有显著的影响，但升高了其余 4 个样点的 SCA 和 SUA。放牧升高了 S 样点的 SIA 和降低了 K 样点的 SIA［图 3.15（c）］，而对 E 样点、M 样点、T 样点的 SIA 影响不显著。

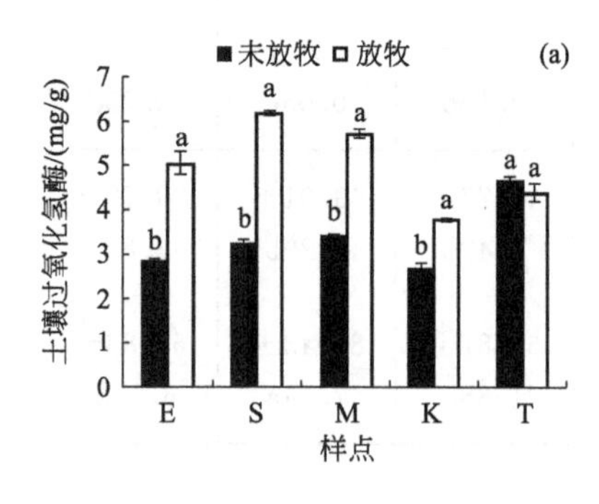

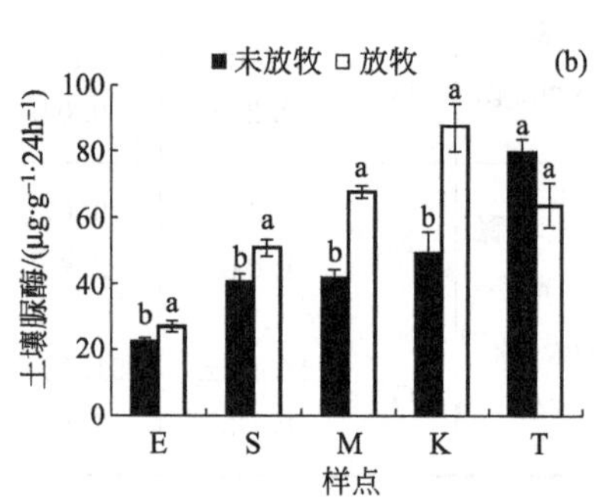

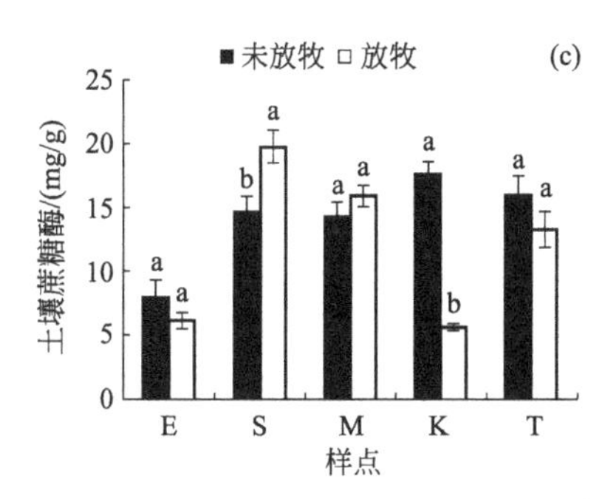

图 3.15 5个样点未放牧和放牧样地土壤酶活性

3.4 土壤碳氮矿化特征

3.4.1 土壤碳矿化

(1) 不同样点土壤碳矿化 对5个样点土壤有机碳累积矿化量（C）和矿化速率（C_{min}）进行比较分析（培养温度25℃，培养21d），结果表明，在未放牧样地和放牧样地，干燥度指数最低（最干旱）的E样点的C和C_{min}均显著小于S样点、M样点、K样点和T样点。在未放牧样地，S样点、T样点的C显著大于M样点、K样点，S样点与T样点、M样点与K样点之间的C差异不显著；T样点的C_{min}显著大于M样点、K样点，S样点显著大于K样点，M样点与S样点、K样点以及S样点与T样点之间无显著差异。在放牧样地，S样点、T样点的C显著大于K样点，M样点与S样点、K样点、T样点以及S样点与T样点之间差异不显著，T样点的C_{min}显著大于S样点、

K样点，M样点的 C_{min} 显著大于K样点，M样点与S样点、T样点以及S样点与K样点之间的 C_{min} 没有显著差异（表3.12）。

表3.12　5个样点土壤有机碳累积矿化量和有机碳矿化速率

指标	样地	E	S	M	K	T
土壤有机碳累积矿化量/(mg/kg)	N	140.73±18.22c	417.31±4.01a	303.94±23.97b	285.20±33.70b	486.71±44.11a
	G	81.14±14.42c	291.25±48.39a	289.69±28.90ab	196.82±21.23b	336.24±24.87a
土壤有机碳矿化速率/[(mg/(kg·d)]	N	4.11±0.51d	16.60±0.47ab	14.07±2.17bc	11.61±0.98c	19.71±1.30a
	G	1.59±0.09d	10.59±1.52bc	11.11±0.58ab	8.40±0.40c	13.86±1.14a

注：1. 表格内的数值为平均值±标准误差。同一指标同一处理同行有相同字母表示样点间差异不显著（$P>0.05$），不同字母表示差异显著（$P<0.05$）。

2. 首行中E、S、M、K、T分别代表5个样点，按照干燥度指数由小到大排列，详细信息请见表2.1和表2.2；第二列中N代表未放牧样地，G代表放牧样地。

在培养温度为25℃条件下，未放牧样地［图3.16(a)］和放牧样地［图3.16(b)］的 C 随着培养时间的推移均呈增长趋势。5个样点未放牧样地的 C 随着培养时间的增长幅度较大，放牧样地的增长幅度较小，干燥度指数最低（最干旱）的E样点的未放牧样地和放牧样地 C 的增长幅度显著小于S样点、M样点、K样点和T样点。5个样点未放牧样地［图 3.16（c）］和放牧样地［图 3.16（d）］C_{min} 率在培养前期均呈现出下降趋势，后期趋于平稳，最干旱的 E 样点的未放牧样地和放牧样地 C_{min} 随着培养时间的变化幅度显著小于 S 样点、M 样点、K 样点和 T 样点。

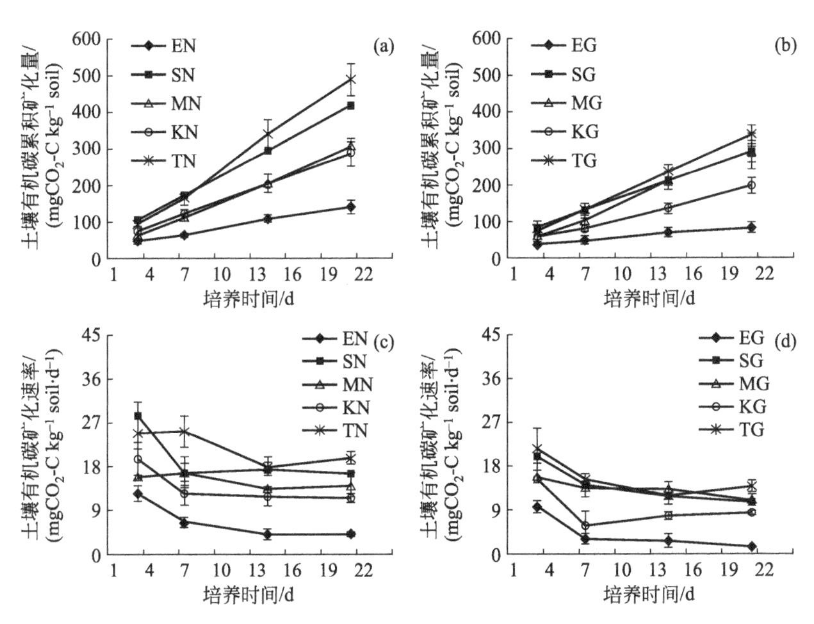

图 3.16　5 个样点未放牧样地和放牧样地土壤有机碳累积矿化量和有机碳矿化速率动态变化

（2）温度对土壤碳矿化的影响　随着温度的升高，所有样点未放牧样地和放牧样地的 C［图 3.17(a)、图 3.17(b)］和 C_{min}［图 3.17(c)、图 3.17(d)］呈指数增长。在未放牧样地，培养温度较低时（5℃和 15℃），温度对 5 个样点 C 和 C_{min} 的影响不显著，培养温度较高时（25℃和 35℃），

C和C_{min}随温度升高显著增加，干燥度指数最高（最湿润）的T样点的C和C_{min}随温度升高的增加幅度最大，干燥度指数最低（最干旱）的E样点的C和C_{min}随温度升高的增加幅度最小。在放牧样地，4个温度条件下的C和C_{min}随温度升高的增加幅度均变小；在S样点、M样点、T样点，培养温度较低时（5℃和15℃），温度对的C和C_{min}的影响不显著，培养温度较高时（25℃和35℃），C和C_{min}随温度升高显著增加；在E样点和K样点，培养温度为5℃、15℃、25℃时，C和C_{min}随温度升高增加幅度较小，在培养温度为35℃时，C和C_{min}随温度升高增加幅度较大。

土壤碳矿化速率与温度之间的关系基于指数模型$R_T=A\times e^{kT}$，利用模型拟合获得温度反应系数k，采用公式（2-9）计算了5个样点未放牧样地和放牧样地的土壤有机碳矿化速率温度敏感性Q_{10}值，结果显示，5个样点土壤有机碳矿化速率Q_{10}在1.69～2.94之间，Q_{10}随着纬度的升高呈先升高后降低的趋势（图3.18）。

采用指数模型拟合土壤碳矿化速率与温度之间的关系，还得到基质质量指数A和土壤碳矿化速率表观活化能E_a。相关分析表明，Q_{10}与A［图3.19(a)］、E_a与A［图3.19(b)］均呈显著的负相关关系（$P<0.05$）。

（3）放牧对土壤碳矿化及其温度敏感性的影响　放牧对不同样点的C［图3.20(a)］和C_{min}［图3.20(b)］产生了不同的影响。在25℃条件下培养21d后，E样点、

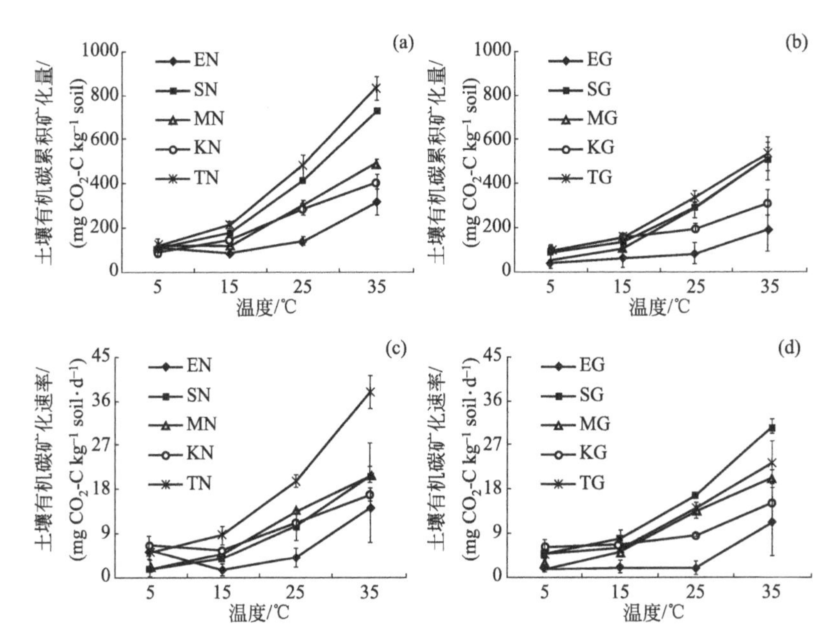

图3.17　不同温度条件下5个样点未放牧样地和放牧样地土壤有机碳累积矿化量和有机碳矿化速率

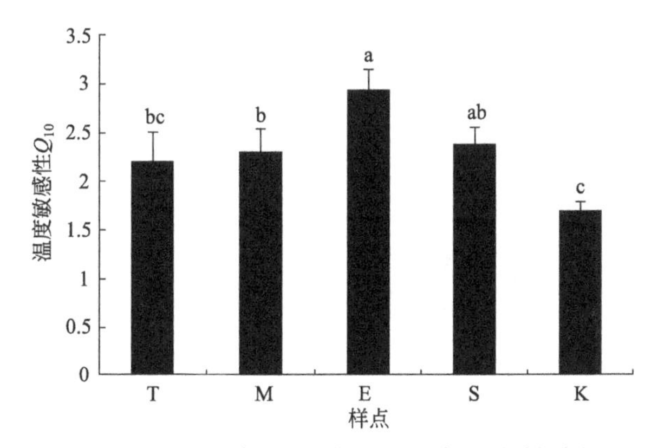

图3.18　5个样点土壤有机碳矿化速率温度敏感性（Q_{10}）

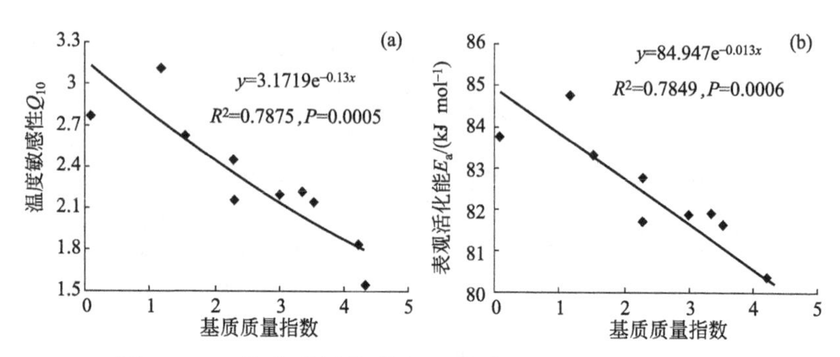

图 3.19　基质质量指数与土壤有机碳矿化速率温度敏感性、表观活化能的相关分析

S样点、T样点的放牧样地C显著低于未放牧样地，M样点、K样点的未放牧样地和放牧样地之间的C差异不显著；除了M样点外，其余4个样点的放牧样地C_{min}显著低于未放牧样地。每个样点未放牧和放牧样地的土壤C_{min}的温度敏感性Q_{10}值之间差异不显著（$P>0.05$）。

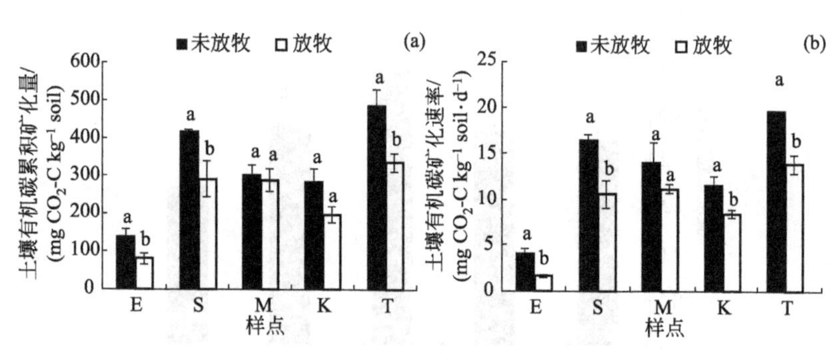

图 3.20　5个样点未放牧样地和放牧样地土壤有机碳累积矿化量和有机碳矿化速率

采用放牧响应比（*RR*）来反映土壤碳矿化指标对放牧的响应效应，结果发现，放牧对 C ［图 3.21(a)］和 C_{min} ［图 3.21(b)］产生了负效应。除了 M 样点外，放牧响应比随着干燥度指数升高而降低，干燥度指数最低（最干旱）的 E 样点的 C_{min} 放牧响应比接近于 1。

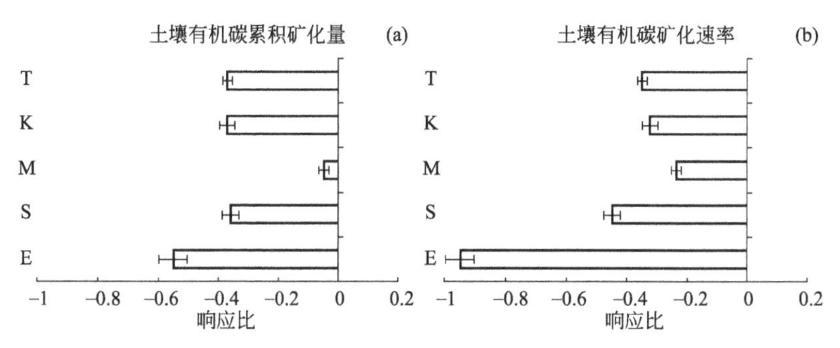

图 3.21　5 个样点土壤有机碳累积矿化量和有机碳矿化速率对放牧的响应比

3.4.2　土壤氮矿化

（1）不同样点土壤氮矿化　5 个样点未放牧样地和放牧样地土壤在培养温度为 25℃条件下，以硝化过程占主导作用（表 3.13）。在未放牧样地，在干燥度指数较高（相对湿润）的 K 样点的土壤铵态氮减少量显著小于 E 样点、S 样点、M 样点，T 样点显著小于 S 样点和 M 样点，S 样点显著小于 M 样点；在放牧样地，K 样点土壤铵态氮减少量显著小于 E 样点、S 样点、M 样点、T 样点，T 样点、M 样点显著小于 E 样点、S 样点，T 样点与 M 样点、E样点与S样点之间无显著差异。在未放牧样地，5个样点土壤硝态氮积累量（A_{nit}）和无机氮积累量（A_{min}）均呈现出S样点、M样点、K样点、T样点显著大于干燥度指数最低（最干旱）的E样点，S样点、M样点、K样点、T样点之间的A_{nit}和A_{min}差异不显著；在放牧样地，S样点A_{nit}显著大于E样点、T样点，M样点与其余4个样点、K样点与其余4个样点以及E样点与T样点之间无显著差异，S样点A_{min}显著大于E样点，M样点与其余4个样点、K样点与其余4个样点、T样点与其余4个样点之间无显著差异。5个样点R_{amm}、R_{nit}、R_{min}之间的差异与5个样点之间的A_{amm}、A_{nit}、A_{min}差异相同。

（2）温度对土壤氮矿化的影响　随着温度的升高，所有样点未放牧样地和放牧样地的R_{nit}［（图3.22(a)、图3.22(b)］和R_{min}［图3.22(c)、图3.22(d)］呈指数增长。在未放牧样地，培养温度较低时（5℃和15℃），温度对5个样点R_{nit}和R_{min}的影响不显著，培养温度较高时（25℃和35℃），温度升高显著增加了R_{nit}和R_{min}，干燥度指数最低（最干旱）的E样点，R_{nit}和R_{min}随温度升高的增加幅度最小；在放牧样地，5℃、15℃、25℃条件下的R_{nit}和R_{min}随温度升高的增加幅度变小，35℃时出现大幅增加，干燥度指数最低的E样点，R_{nit}和R_{min}随温度升高的增加幅度与未放牧样地基本相同。温度对R_{amm}无显著影响（$P>0.05$）。

表 3.13 5个样点土壤氮积累量和氮矿化速率

指标	样地	E	S	M	K	T
土壤铵态氮积累量/($mg\ N \cdot kg^{-1}$)	N	−2.48±0.15bc	−2.99±0.30c	−3.91±0.36d	−1.57±0.20a	−2.19±0.02ab
	G	−4.53±0.30c	−4.10±0.17c	−2.55±0.25b	−1.23±0.31a	−1.99±0.06b
土壤硝态氮积累量/($mg\ N \cdot kg^{-1}$)	N	15.18±2.11b	40.37±5.51a	37.44±2.32a	36.00±3.05a	32.33±3.85a
	G	18.22±3.18b	31.66±5.20a	26.11±2.09ab	22.51±1.81ab	19.70±1.75b
土壤无机氮积累量/($mg\ N \cdot kg^{-1}$)	N	12.70±2.02b	37.38±5.70a	33.53±2.54a	34.43±3.21a	30.14±3.87a
	G	13.69±3.40b	27.57±5.33a	23.56±2.14ab	21.27±2.06ab	17.71±1.72ab
土壤氨化速率/($mg\ N \cdot kg^{-1} \cdot d^{-1}$)	N	−0.12±0.01bc	−0.14±0.01c	−0.19±0.02d	−0.07±0.01a	−0.10±0.00ab
	G	−0.22±0.01c	−0.20±0.01c	−0.12±0.01b	−0.06±0.01a	−0.09±0.00b
土壤硝化速率/($mg\ N \cdot kg^{-1} \cdot d^{-1}$)	N	0.72±0.10b	1.92±0.26a	1.78±0.11a	1.71±0.15a	1.54±0.18a
	G	0.87±0.15b	1.51±0.25a	1.24±0.10ab	1.07±0.09ab	0.94±0.08b
土壤净氮矿化速率/($mg\ N \cdot kg^{-1} \cdot d^{-1}$)	N	0.60±0.10b	1.78±0.10a	1.60±0.15a	1.64±0.11a	1.44±0.10a
	G	0.65±0.16b	1.31±0.10a	1.12±0.10ab	1.01±0.10ab	0.84±0.08ab

注：1. 表格内的数值为平均值±标准误差。同一指标同一处理同行有相同字母表示样点间差异不显著（$P>0.05$），不同字母表示差异显著（$P<0.05$）。

2. 首行中 E、S、M、K、T 分别代表 5 个样点，按照干燥度指数由小到大排列，详细信息请见表 2.1 和表 2.2；第二列中 N 代表未放牧样地，G 代表放牧样地。

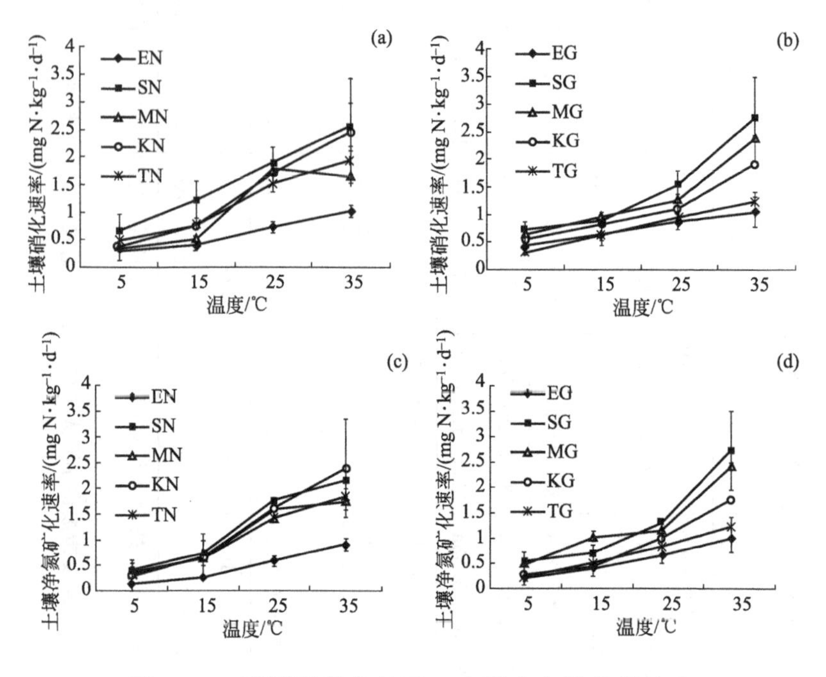

图 3.22　不同温度条件下 5 个样点未放牧样地和放牧样地土壤硝化速率和净氮矿化速率

利用公式（2-18）计算了 5 个样点未放牧样地和放牧样地的土壤氮矿化速率温度敏感性 Q_{10} 值，5 个样点土壤净氮矿化速率温度敏感性（Q_{10}）在 1.61～2.06 之间（图 3.23），Q_{10} 随着纬度的升高呈升高趋势。

通过指数模型拟合土壤氮矿化速率与温度之间的相关关系，得到基质质量指数 A 和土壤氮矿化速率表观活化能 E_a。相关分析表明，Q_{10} 与 A［图 3.24(a)］、E_a 与 A［图 3.24(b)］均呈显著的负相关关系（$P<0.05$）。

（3）放牧对土壤氮矿化及其温度敏感性的影响　在

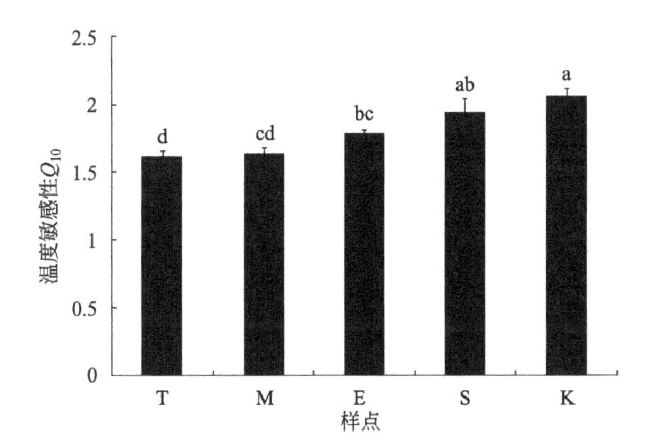

图 3.23　5个样点土壤净氮矿化速率温度敏感性（Q_{10}）

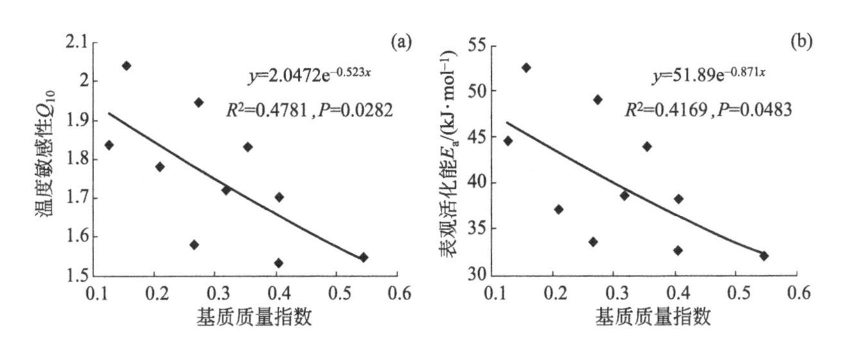

图 3.24　基质质量指数与土壤净氮矿化速率温度敏感性（Q_{10}）、表观活化能的相关分析

25℃培养过程中，在干燥度指数较高（相对湿润）的M样点、K样点、T样点，放牧样地土壤铵态氮减少量和速率较未放牧样地低［图 3.25(a)、3.25(b)］，A_{nit}、R_{nit}、A_{min}、R_{min} 显著降低［图 3.25(c)、3.25(d)、3.25(e)、3.25(f)］；在干燥度指数较低（相对干旱）的E样点和S样点，

放牧样地土壤铵态氮减少量和速率较未放牧样地高，A_{nit}、R_{nit}、A_{min}、R_{min}没有显著变化。每个样点未放牧和放牧样

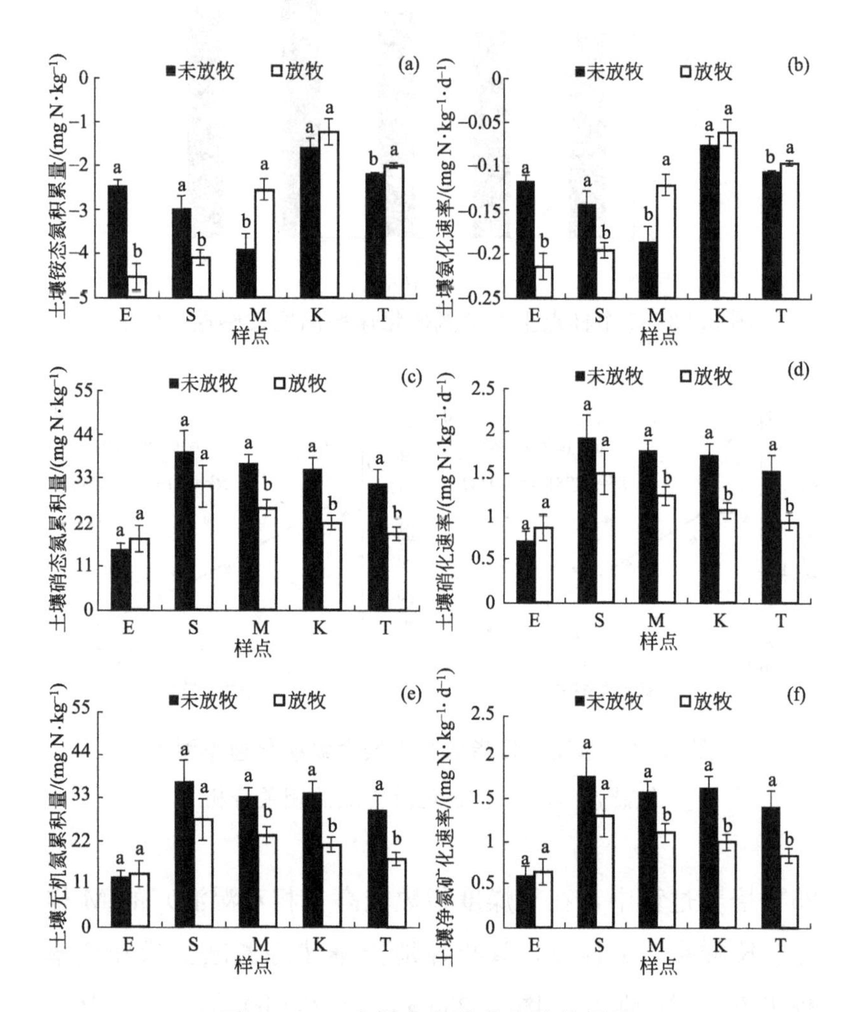

图 3.25　5个样点未放牧和放牧样地

土壤氮积累量和土壤氮矿化速率

地之间土壤氮矿化的 Q_{10} 值差异不显著（$P>0.05$）。

同样采用放牧响应比（RR）来反映土壤氮矿化指标对放牧的响应效应，结果显示，在干燥度指数较高（相对湿润）的S样点、M样点、K样点、T样点，放牧对 A_{nit}［图3.26(a)］、R_{nit}［图3.26(b)］、A_{min}［图3.26(c)］、R_{min}［图3.26(d)］产生了负效应（图3.26）。在干燥度指数最低（最干旱）的E样点，放牧对 A_{nit}、R_{nit}、A_{min}、R_{min} 产生了正效应，但是响应比小于0.2。

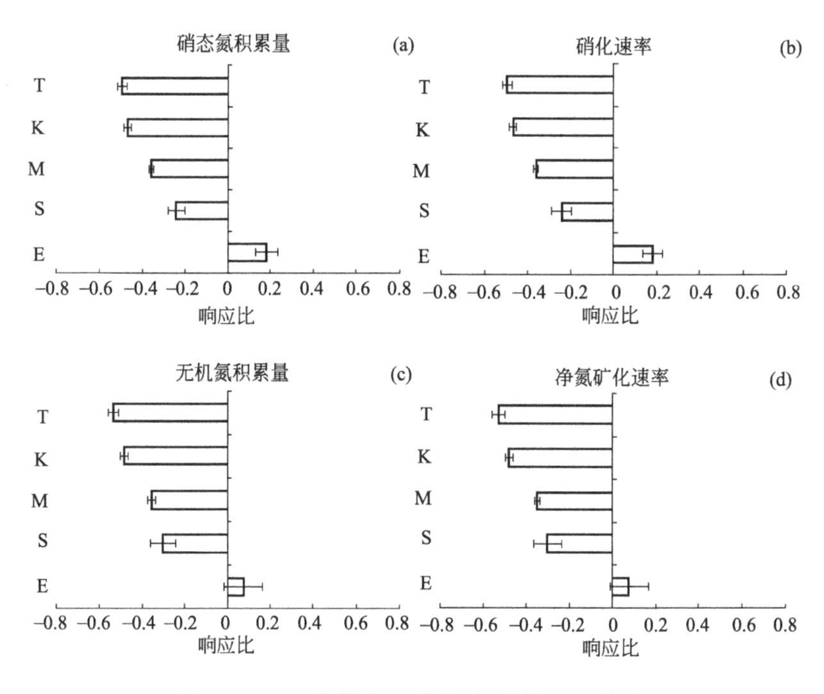

图3.26　5个样点土壤氮积累量和土壤氮矿化速率对放牧的响应比

3.5 土壤碳氮矿化的影响因素

3.5.1 土壤碳氮矿化与气候因子的关系

（1）土壤碳氮矿化指标与气候因子的关系　相关分析表明，除了放牧样地 C_{min} 与年平均降水量（MAP）以及 A_{amm}、R_{amm} 与干燥度指数（AI）呈显著正相关外（$P<0.05$），其余样地 C、C_{min}、A_{amm}、A_{nit}、A_{min}、R_{amm}、R_{nit}、R_{min} 与年平均温度（MAT）、MAP、AI 相关性均不显著（$P>0.05$）（表 3.14）。

表 3.14　5 个样点土壤碳氮矿化指标与气候因子的关系

指标	样地	皮尔逊相关			P 值		
		MAT/℃	MAP/mm	AI	MAT/℃	MAP/mm	AI
C	N	0.32	0.73	0.70	0.60	0.16	0.18
C	G	0.46	0.84	0.75	0.43	0.08	0.14
C_{min}	N	0.37	0.81	0.78	0.54	0.10	0.12
C_{min}	G	0.41	0.89*	0.85	0.50	0.04	0.07
A_{amm}	N	−0.53	−0.25	0.19	0.36	0.82	0.76
A_{amm}	G	−0.02	0.67	0.90*	0.97	0.21	0.04
A_{nit}	N	−0.09	0.52	0.73	0.89	0.37	0.16
A_{nit}	G	−0.21	−0.01	0.13	0.73	0.98	0.83
A_{min}	N	−0.14	0.51	0.76	0.82	0.38	0.13
A_{min}	G	−0.22	0.16	0.37	0.72	0.79	0.54
R_{amm}	N	−0.53	−0.14	0.19	0.36	0.82	0.76
R_{amm}	G	−0.02	0.67	0.90*	0.97	0.21	0.04

续表

指标	样地	皮尔逊相关			P 值		
		MAT/℃	MAP/mm	AI	MAT/℃	MAP/mm	AI
R_{nit}	N	−0.09	0.52	0.73	0.89	0.37	0.16
R_{nit}	G	−0.21	−0.01	0.13	0.73	0.98	0.83
R_{min}	N	−0.14	0.51	0.76	0.83	0.38	0.13
R_{min}	G	−0.22	0.16	0.37	0.72	0.79	0.54

注：C 表示土壤有机碳累积矿化量，C_{min} 表示土壤有机碳矿化速率，A_{amm} 表示土壤铵态氮积累量，A_{nit} 表示土壤硝态氮积累量，A_{min} 表示土壤无机氮积累量，R_{amm} 表示土壤氨化速率，R_{nit} 表示土壤硝化速率，R_{min} 表示土壤净氮矿化速率，MAT 表示年平均温度，MAP 表示年平均降水量，AI 表示干燥度指数，* 表示显著相关（$P<0.05$）。

（2）土壤碳氮矿化放牧响应比与气候因子的关系　C_{min} 对放牧的响应比与干燥度指数呈显著正相关（$P<0.05$）［图 3.27(a)］，A_{nit}［图 3.27(b)］、R_{nit}［图 3.27(c)］、A_{min}［图 3.27(d)］、R_{min}［图 3.27(e)］对放牧的响应比与干燥度指数呈极显著负相关（$P<0.01$）。C、A_{amm}、R_{amm} 对放牧的响应比与干燥度指数相关性不显著（$P>0.05$）。C、C_{min}、A_{amm}、A_{nit}、A_{min}、R_{amm}、R_{nit}、R_{min} 对放牧的响应比与 MAT、MAP 相关性不显著（$P>0.05$）。

3.5.2 土壤碳氮矿化与植被因子的关系

（1）土壤碳氮矿化指标与植被因子的关系　5 个样点未放牧样地和放牧样地 C、C_{min}、A_{amm}、A_{nit}、A_{min}、R_{amm}、R_{nit}、R_{min} 与植物地上生物量、地下生物量和总生

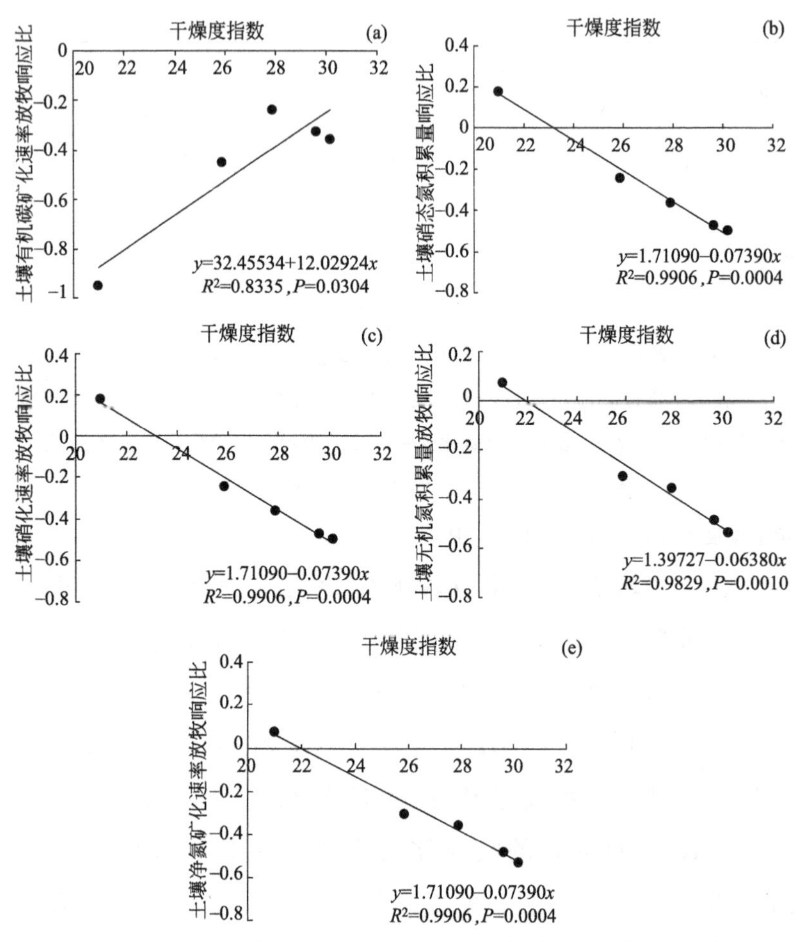

图 3.27　5 个样点土壤碳氮矿化的放牧响应比与气候因子的回归分析

物量之间相关性均不显著（$P>0.05$）。由表 3.15 可以看出，在未放牧样地，C、C_{min} 与 Margalef 丰富度指数、Shannon 多样性指数呈显著正相关（$P<0.05$）；在放牧样地，C_{min} 与 Margalef 丰富度指数以及 A_{nit}、A_{min}、R_{nit}、

R_{min} 与 Shannon 多样性指数呈显著负相关关系（$P<0.05$）。

表 3.15　5 个样点土壤碳氮矿化指标与植被因子的关系

指标	样地	皮尔逊相关			P 值		
		Ma	*H*	*J*	*Ma*	*H*	*J*
C	N	0.57*	0.53*	0.04	0.03	0.04	0.90
C	G	−0.48	−0.24	0.06	0.07	0.40	0.83
C_{min}	N	0.56*	0.55*	0.08	0.03	0.04	0.78
C_{min}	G	−0.59*	−0.33	0.04	0.02	0.23	0.89
A_{amm}	N	0.35	0.33	−0.31	0.21	0.23	0.27
A_{amm}	G	−0.30	−0.03	0.35	0.28	0.92	0.20
A_{nit}	N	−0.22	−0.20	0.18	0.44	0.49	0.51
A_{nit}	G	−0.46	−0.52*	−0.27	0.09	0.04	0.33
A_{min}	N	−0.18	−0.16	0.15	0.52	0.56	0.58
A_{min}	G	−0.48	−0.52*	−0.23	0.07	0.04	0.41
R_{amm}	N	0.35	0.33	−0.31	0.21	0.23	0.27
R_{amm}	G	−0.30	−0.03	0.35	0.28	0.92	0.20
R_{nit}	N	−0.22	−0.20	0.18	0.44	0.49	0.51
R_{nit}	G	−0.46	−0.52*	−0.27	0.09	0.04	0.33
R_{min}	N	−0.18	−0.16	0.15	0.52	0.56	0.58
R_{min}	G	−0.48	−0.52*	−0.23	0.07	0.04	0.41

注：C 表示土壤有机碳累积矿化量，C_{min} 表示土壤有机碳矿化速率，A_{amm} 表示土壤铵态氮积累量，A_{nit} 表示土壤硝态氮积累量，A_{min} 表示土壤无机氮积累量，R_{amm} 表示土壤氨化速率，R_{nit} 表示土壤硝化速率，R_{min} 表示土壤净氮矿化速率，*Ma* 表示 Margalef 丰富度指数，*H* 表示 Shannon 多样性指数，*J* 表示 Pielou 均匀度指数，* 表示显著相关（$P<0.05$）。

（2）土壤碳氮矿化放牧响应比与植被因子放牧响应比的关系　C、C_{min}、A_{nit}、A_{min}、R_{amm}、R_{nit}、R_{min} 的放牧响应比与植物地上生物量、地下生物量、总生物量、Margalef 丰富度指数、Shannon 多样性指数、Pielou 均匀度指数的放牧响应比之间相关性均不显著（$P>0.05$），A_{amm} 的放牧响应比与 Margalef 丰富度指数的放牧响应比［图 3.28(a)］呈显著正相关关系（$P<0.05$）［图 3.28(b)］，与其余指标的放牧响应比相关性也不显著（$P>0.05$）（图 3.28）。

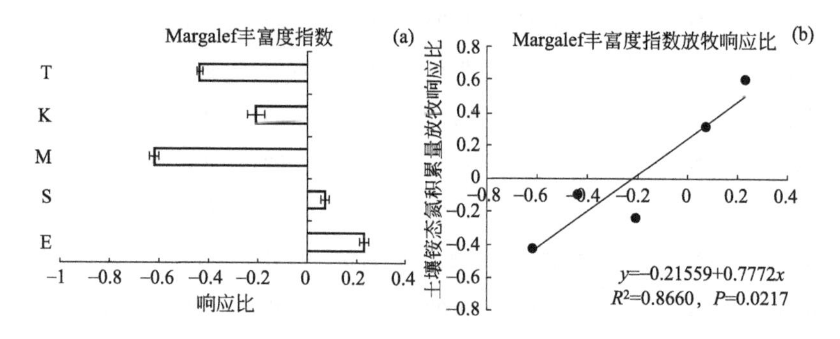

图 3.28　5 个样点的 Margalef 丰富度指数的放牧响应比（a）及其与土壤铵态氮积累量的放牧响应比的回归分析（b）

3.5.3　土壤碳氮矿化与土壤理化因子的关系

（1）土壤碳氮矿化指标与土壤理化因子的关系　在未放牧样地，8 个土壤碳氮矿化指标与土壤容重相关性均不显著（$P>0.05$），C 与土壤粉粒含量呈极显著正相关（P

<0.01），与土壤砂粒含量呈极显著负相关（P<0.01），C_{min}、A_{min}、R_{min}，与土壤粉粒含量呈显著正相关（P<0.05），C_{min} 与土壤砂粒含量呈显著负相关（P<0.05）。在放牧样地，C、C_{min} 与土壤容重和土壤砂粒含量呈极显著负相关（P<0.01），与土壤粉粒含量呈极显著正相关（P<0.01），A_{nit}、A_{min}、R_{nit}、R_{min} 与土壤容重呈显著负相关（P<0.05），R_{min} 还与土壤砂粒含量呈显著负相关（P<0.05）（表3.16）。

表3.16　5个样点土壤碳氮矿化指标与土壤物理因子的关系

指标	样地	皮尔逊相关				P 值			
		SBD	Clay	Silt	Sand	SBD	Clay	Silt	Sand
C	N	−0.31	0.26	0.69**	−0.69**	0.26	0.35	0.00	0.00
C	G	−0.79**	0.30	0.78**	−0.74**	0.00	0.28	0.00	0.00
C_{min}	N	−0.44	0.23	0.63*	−0.63*	0.10	0.42	0.01	0.01
C_{min}	G	−0.72**	0.24	0.76**	−0.71**	0.00	0.39	0.00	0.00
A_{amm}	N	0.20	0.23	−0.08	0.03	0.47	0.41	0.78	0.92
A_{amm}	G	0.23	−0.16	0.40	−0.32	0.41	0.56	0.14	0.24
A_{nit}	N	−0.34	0.15	0.45	−0.42	0.21	0.60	0.09	0.12
A_{nit}	G	−0.54*	0.35	0.40	−0.41	0.04	0.19	0.14	0.13
A_{min}	N	−0.33	0.18	0.45*	−0.43	0.23	0.53	0.04	0.11
A_{min}	G	−0.51*	0.33	0.43	−0.44	0.04	0.22	0.11	0.10
R_{amm}	N	0.20	0.23	−0.08	0.03	0.47	0.41	0.78	0.92
R_{amm}	G	0.23	−0.16	0.40	−0.32	0.41	0.56	0.14	0.24
R_{nit}	N	−0.34	0.15	0.45	−0.49	0.21	0.60	0.09	0.07

续表

指标	样地	皮尔逊相关				P 值			
		SBD	Clay	Silt	Sand	SBD	Clay	Silt	Sand
R_{nit}	G	−0.54*	0.35	0.40	−0.34	0.04	0.19	0.14	0.57
R_{min}	N	−0.33	0.18	0.45*	−0.24	0.23	0.53	0.04	0.40
R_{min}	G	−0.51*	0.33	0.43	−0.52*	0.04	0.22	0.11	0.04

注：C 表示土壤有机碳累积矿化量，C_{min} 表示土壤有机碳矿化速率，A_{amm} 表示土壤铵态氮积累量，A_{nit} 表示土壤硝态氮积累量，A_{min} 表示土壤无机氮积累量，R_{amm} 表示土壤氨化速率，R_{nit} 表示土壤硝化速率，R_{min} 表示土壤净氮矿化速率，SBD 表示土壤容重，Clay 表示土壤黏粒含量，Silt 表示土壤粉粒含量，Sand 表示土壤砂粒含量，* 表示显著相关（$P<0.05$），** 表示极显著相关（$P<0.01$）。

由表 3.17 可知，在未放牧样地，8 个土壤碳氮矿化指标与土壤 pH 值、STP 相关性不显著（$P>0.05$）；C、C_{min}、A_{nit}、R_{nit} 与 SOC 呈显著正相关（$P<0.05$），A_{min}、R_{min} 与 SOC 呈极显著正相关（$P<0.01$）；C 和 C_{min} 与 STN 呈显著正相关（$P<0.05$），A_{nit}、A_{min}、R_{nit}、R_{min} 与 STN 含量呈极显著正相关（$P<0.01$）。在放牧样地，C、C_{min} 与土壤 pH 值呈极显著正相关（$P<0.01$），其余 6 个指标与土壤 pH 值相关性不显著（$P>0.05$）；C、C_{min} 与 SOC、STN 呈极显著正相关（$P<0.01$），A_{nit}、A_{min}、R_{nit}、R_{min} 与 SOC、STN 呈显著正相关（$P<0.05$）；C、C_{min}、A_{amm}、R_{amm} 与 STP 呈极显著正相关（$P<0.01$）。

表 3.17　5 个样点土壤碳氮矿化指标与土壤化学因子的关系

指标	样地	皮尔逊相关				P 值			
		pH	SOC	STN	STP	pH	SOC	STN	STP
C	N	0.21	0.51*	0.58*	0.27	0.46	0.04	0.02	0.33
C	G	0.67**	0.84**	0.76**	0.71**	0.00	0.00	0.00	0.00
C_{min}	N	0.16	0.49*	0.55*	0.30	0.56	0.04	0.04	0.27
C_{min}	G	0.64**	0.86**	0.80**	0.70**	0.00	0.00	0.00	0.00
A_{amm}	N	−0.05	−0.02	−0.04	−0.14	0.87	0.94	0.89	0.61
A_{amm}	G	0.25	0.38	0.40	0.67**	0.37	0.16	0.14	0.00
A_{nit}	N	−0.26	0.63*	0.70**	0.40	0.35	0.01	0.00	0.14
A_{nit}	G	0.26	0.56*	0.49*	0.18	0.35	0.03	0.04	0.52
A_{min}	N	−0.27	0.65**	0.71**	0.40	0.33	0.00	0.00	0.14
A_{min}	G	0.28	0.59*	0.52*	0.25	0.31	0.02	0.04	0.37
R_{amm}	N	−0.05	−0.02	−0.04	−0.14	0.87	0.94	0.89	0.61
R_{amm}	G	0.25	0.38	0.40	0.67**	0.37	0.16	0.14	0.00
R_{nit}	N	−0.26	0.63*	0.70**	0.40	0.35	0.01	0.00	0.14
R_{nit}	G	0.26	0.56*	0.49*	0.18	0.35	0.03	0.04	0.52
R_{min}	N	−0.27	0.65**	0.71**	0.40	0.33	0.00	0.00	0.14
R_{min}	G	0.28	0.59*	0.52*	0.25	0.31	0.02	0.04	0.37

注：C 表示土壤有机碳累积矿化量，C_{min} 表示土壤有机碳矿化速率，A_{amm} 表示土壤铵态氮积累量，A_{nit} 表示土壤硝态氮积累量，A_{min} 表示土壤无机氮积累量，R_{amm} 表示土壤氨化速率，R_{nit} 表示土壤硝化速率，R_{min} 表示土壤净氮矿化速率，SOC 表示土壤有机碳含量，STN 表示土壤全氮含量，STP 表示土壤全磷含量，* 表示显著相关（$P<0.05$），** 表示极显著相关（$P<0.01$）。

（2）土壤碳氮矿化放牧响应比与土壤理化因子放牧响

应比的关系　8个土壤碳氮矿化指标的放牧响应比与土壤黏粒含量、土壤粉粒含量、土壤砂粒含量、土壤pH值、STN、STP的放牧响应比相关性均不显著（$P>0.05$）。A_{amm}、R_{amm}的放牧响应比与SOC的放牧响应比呈显著正相关（$P<0.05$）［图3.29(a)、图3.29(b)、图3.29(c)］。A_{nit}、A_{min}、R_{nit}、R_{min}的放牧响应比与SOC、STN的放牧响应比以及C_{min}的放牧响应比与SOC的放牧响应比相关性不显著（$P>0.05$），但相关系数较高，P值接近于0.05。

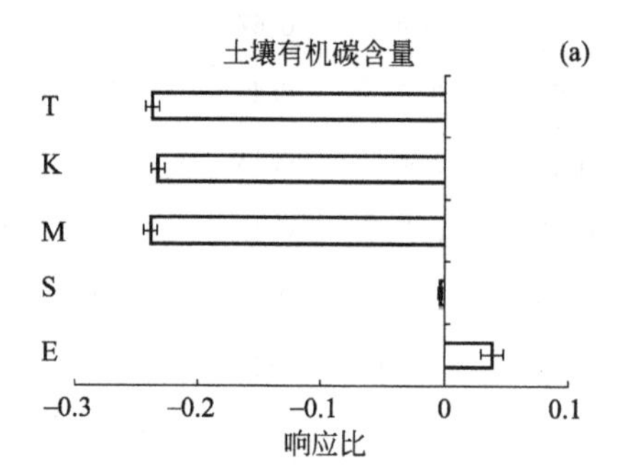

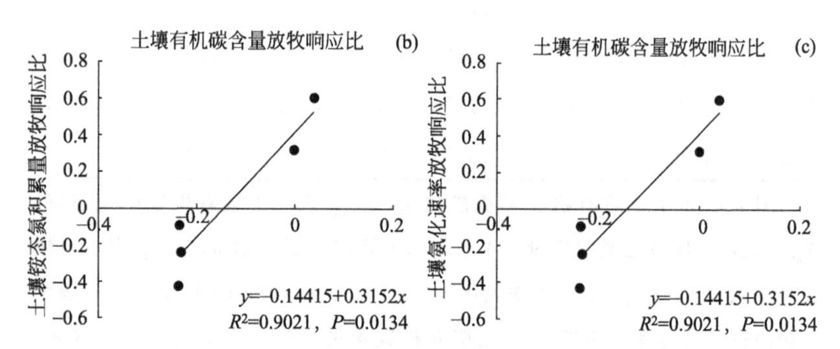

图3.29　5个样点土壤有机碳含量的放牧响应比（a）及其与土壤铵态氮积累量（b）、土壤氨化速率（c）的放牧响应比的回归分析

3.5.4 土壤碳氮矿化与土壤微生物因子的关系

（1）土壤碳氮矿化指标与土壤微生物因子的关系 在未放牧样地，C 与 MBN、SCA、SUA、SIA 呈极显著正相关（$P<0.01$），C_{min} 与 SCA、SUA、SIA 呈极显著正相关（$P<0.01$），与 MBN 显著正相关（$P<0.05$），A_{nit}、A_{min}、R_{nit}、R_{min} 与 SUA 呈显著正相关（$P<0.05$）；在放牧样地，C、C_{min}、A_{nit}、A_{min}、R_{nit}、R_{min} 与 SIA 呈极显著正相关（$P<0.01$），C、C_{min} 与 MBN 显著正相关（$P<0.05$），A_{amm}、R_{amm} 与 SUA 以及 A_{nit}、R_{nit} 与 SCA 呈显著正相关（$P<0.05$）（表 3.18）。

表 3.18 5个样点土壤碳氮矿化指标与土壤微生物因子的关系

指标	样地	皮尔逊相关				P 值			
		MBN	SCA	SUA	SIA	MBN	SCA	SUA	SIA
C	N	0.66**	0.81**	0.93**	0.70**	0.00	0.00	0.00	0.00
C	G	0.58*	0.40	0.39	0.89**	0.02	0.13	0.15	0.00
C_{min}	N	0.63*	0.76**	0.88**	0.75**	0.01	0.00	0.00	0.00
C_{min}	G	0.53*	0.30	0.47	0.85**	0.04	0.28	0.08	0.00
A_{amm}	N	0.37	−0.05	0.19	0.00	0.18	0.87	0.50	0.99
A_{amm}	G	0.11	−0.45	0.63*	−0.14	0.70	0.09	0.01	0.63
A_{nit}	N	0.23	0.23	0.53*	0.43	0.41	0.41	0.04	0.11
A_{nit}	G	0.10	0.55*	0.19	0.69**	0.72	0.03	0.50	0.00
A_{min}	N	0.28	0.23	0.56*	0.44	0.32	0.41	0.03	0.10

续表

指标	样地	皮尔逊相关				P 值			
		MBN	SCA	SUA	SIA	MBN	SCA	SUA	SIA
A_{min}	G	0.11	0.50	0.25	0.67**	0.69	0.06	0.38	0.00
R_{amm}	N	0.37	−0.05	0.19	0.00	0.18	0.87	0.50	0.99
R_{amm}	G	0.11	−0.45	0.63*	−0.14	0.70	0.09	0.01	0.63
R_{nit}	N	0.23	0.23	0.53*	0.43	0.41	0.41	0.04	0.11
R_{nit}	G	0.10	0.55*	0.19	0.69**	0.72	0.03	0.50	0.00
R_{min}	N	0.28	0.23	0.56*	0.44	0.32	0.41	0.03	0.10
R_{min}	G	0.11	0.50	0.25	0.67**	0.69	0.06	0.38	0.00

注：C 表示土壤有机碳累积矿化量，C_{min} 表示土壤有机碳矿化速率，A_{amm} 表示土壤铵态氮积累量，A_{nit} 表示土壤硝态氮积累量，A_{min} 表示土壤无机氮积累量，R_{amm} 表示土壤氨化速率，R_{nit} 表示土壤硝化速率，R_{min} 表示土壤净氮矿化速率，MBN 表示土壤微生物生物量氮，SCA 表示土壤过氧化氢酶活性，SUA 表示土壤脲酶活性，SIA 表示土壤蔗糖酶活性，* 表示显著相关（$P<0.05$），** 表示极显著相关（$P<0.01$）。

对 5 个样点未放牧样地土壤碳氮矿化指标与土壤细菌群落门水平物种相对丰度的 Spearman 相关性分析结果表明（图 3.30）：C、C_{min} 与变形菌门（Proteobacteria）和拟杆菌门（Bacteroidetes）物种相对丰度呈显著正相关（$P<0.05$），C 与芽单胞菌门物种相对丰度（Gemmatimonadetes）以及 C_{min} 与纤细菌门（Gracilibacteria）物种相对丰度呈显著正相关（$P<0.05$），C、C_{min} 与广古菌门（Euryarchaeota）物种相对丰度呈显著负相关（$P<0.05$）；A_{amm}、R_{amm} 与绿弯菌门（Chloroflexi）物种相对丰度呈显著正相关（$P<0.05$），与 Latescibacteria、Parcubacteria

物种相对丰度呈显著负相关（$P<0.05$），A_{nit}、A_{min}、R_{nit}、R_{min} 与 Rokubacteria 物种相对丰度呈极显著正相关（$P<0.01$），与 Candidatus _ Woykebacteria 物种相对丰度呈显著负相关（$P<0.05$）。

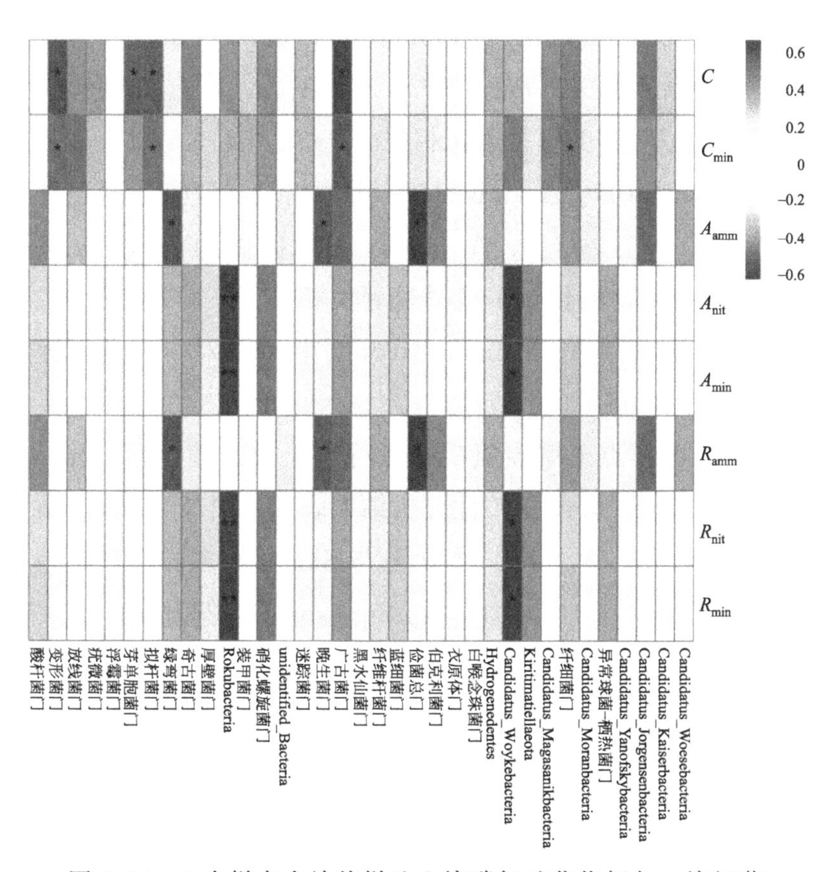

图 3.30　5 个样点未放牧样地土壤碳氮矿化指标与土壤细菌群落门水平物种丰富度的 Spearman 相关性分析

对 5 个样点放牧样地土壤碳氮矿化指标与土壤细菌群

落门水平物种相对丰度的 Spearman 相关性分析结果表明，影响土壤碳氮矿化指标的土壤细菌群落类群发生了变化（图 3.31）。C_{min} 与变形菌门（Proteobacteria）、纤细菌门（Gracilibacteria）物种相对丰度呈显著正相关（$P<0.05$），与芽单胞菌门（Gemmatimonadetes）物种相对丰度呈极显著正相关（$P<0.01$），C、A_{amm}、R_{amm} 与芽单胞菌门物种相对丰度呈显著正相关（$P<0.05$），A_{amm}、R_{amm} 还与 Candidatus _ Azambacteria 物种相对丰度呈显著正相关（$P<0.05$），C_{min}、A_{amm}、R_{amm} 与疣微菌门（Verrucomicrobia）物种相对丰度呈显著负相关（$P<0.05$），C、C_{min} 与奇古菌门（Thaumarchaeota）物种相对丰度呈极显著负相关（$P<0.01$）。

对 5 个样点土壤碳氮矿化指标与土壤细菌群落 Alpha 多样性的 Spearman 相关性分析结果表明（图 3.32），未放牧样地的 A_{nit}、A_{min}、R_{nit}、R_{min} 与 Shannon 多样性指数呈极显著正相关（$P<0.01$），与 Simpson 指数呈显著正相关（$P<0.05$）。

由图 3.33 可以看出，放牧样地的土壤碳氮矿化指标与土壤细菌群落 Alpha 多样性呈现出显著相关的指标增多并发生了改变。与 C、C_{min} 呈极显著正相关（$P<0.01$）的是观测到的土壤细菌 OTUs 数和 ace 指数，与 C、C_{min} 呈显著正相关（$P<0.05$）的是 Simpson 指数，C_{min} 还与 Shannon 指数呈显著正相关（$P<0.05$），A_{nit}、A_{min}、R_{nit}、R_{min} 与观测到的 OTUs 数、ace 指数呈显著正相关

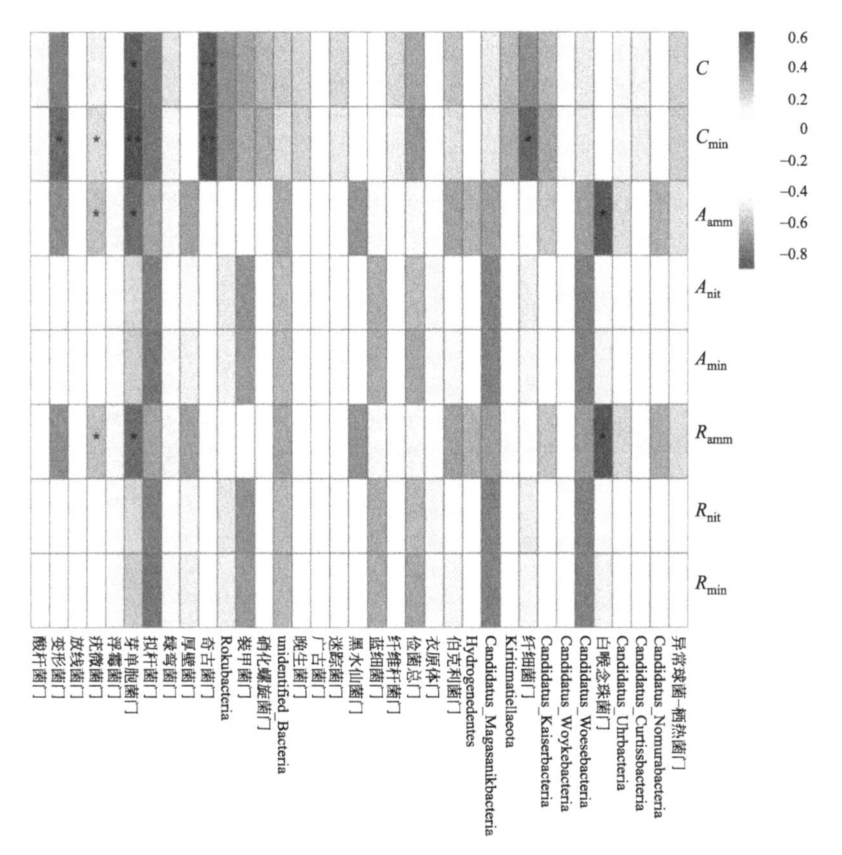

图 3.31　5个样点放牧样地土壤碳氮矿化指标与土壤细菌群落门水平物种丰富度的Spearman相关性分析

(P<0.05)。

(2) 土壤碳氮矿化放牧响应比与土壤微生物因子放牧响应比的关系

相关分析表明，8个土壤碳氮矿化指标的放牧响应比与土壤微生物因子的放牧响应比相关性均不显著 (P>

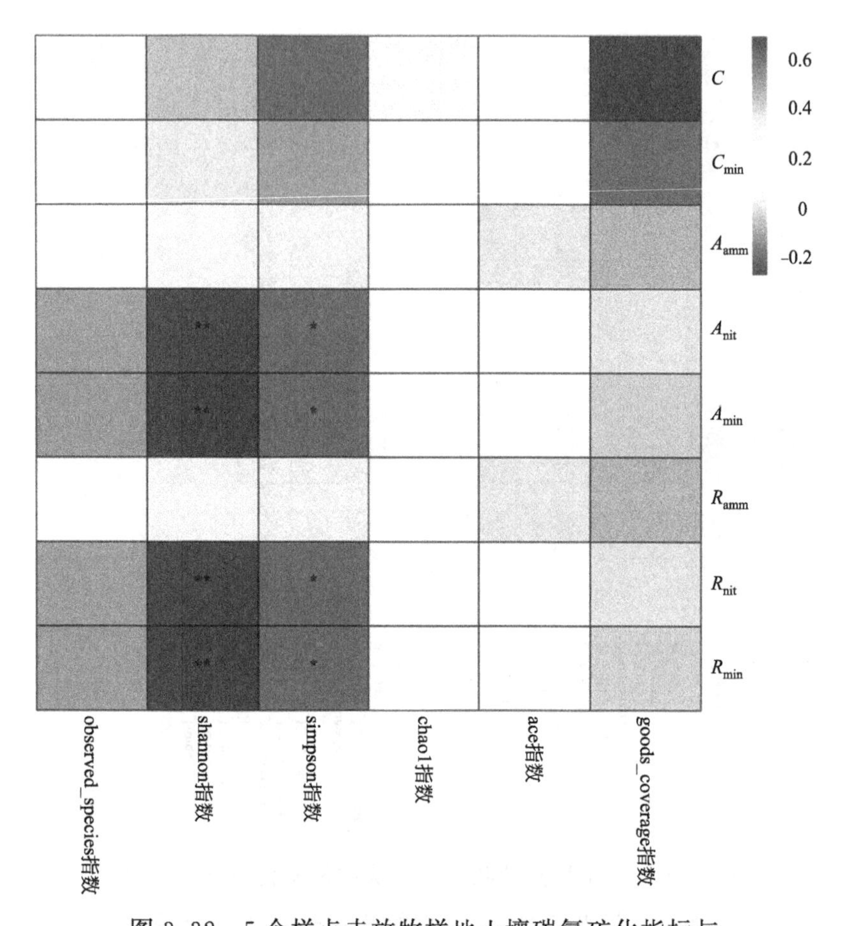

图 3.32　5 个样点未放牧样地土壤碳氮矿化指标与土壤细菌群落 Alpha 多样性的 Spearman 相关性分析

0.05)。

3.5.5　影响土壤碳氮矿化的多因子综合分析

采用线性混合效应模型，分析了未放牧样地和放牧样

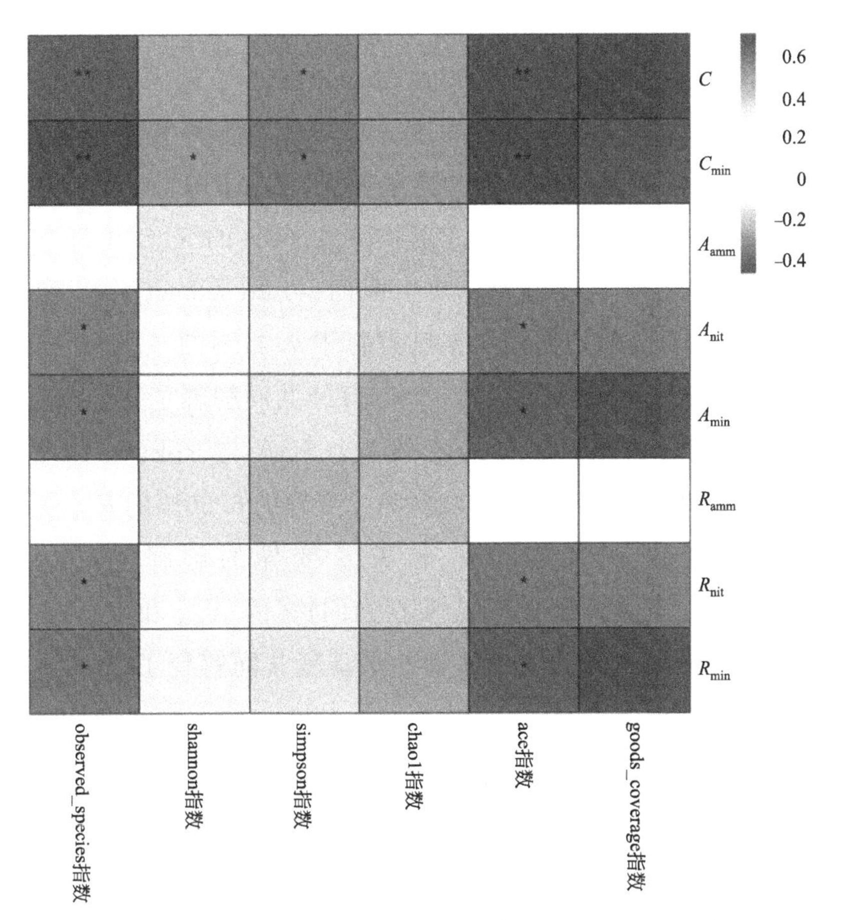

图 3.33　5 个样点放牧样地土壤碳氮矿化指标与土壤细菌群落 Alpha 多样性的 Spearman 相关性分析

地植被因子、土壤理化因子、土壤微生物因子对土壤碳氮矿化变异的相对贡献。结果发现（表 3.19），在未放牧样地，57.84%的 C 和 51.74% C_{min} 的变异由植物 Margalef 丰富度指数和土壤粉粒含量共同解释，SOC 和 STN 分别解释了 14.64%和 12.23%的 C 变异，SOC 和 STN 对 C_{min} 的解释度分别为 15.92%和 13.50%，MBN、SCA、SUA、SIA、变形菌门物种相对丰度、拟杆菌门物种相对丰度、芽单胞菌门物种相对丰度共同解释 11.49%的 C 和 8.44% C_{min} 变异。10.31%的 A_{amm} 变异和 38.00%的 R_{amm} 由绿弯菌门物种相对丰度解释，晚生菌门（Latescibacteria）和 Parcubacteria 的物种相对丰度解释了 7.41%的 A_{amm} 变异和 2.67%的 R_{amm} 变异。SOC 和 STN 共同解释了 67.61%的 A_{nit} 变异和 67.63%的 R_{nit} 变异，SUA 与 Rokubacteria 物种丰富度共同解释了 6.42% A_{nit} 变异的 6.50%的 R_{nit} 变异。SOC 和 STN 对 A_{min} 和 R_{min} 变异的解释度高达 58.98%，土壤粉粒含量解释了 11.41%的 A_{min} 和 R_{min} 变异，SUA 与 Rokubacteria 物种丰富度共同解释了 7.32%的 A_{min} 和 R_{min} 变异。

表 3.19　5 个样点未放牧样地各影响因子对土壤碳氮矿化指标的解释度

单位：%

样地	环境因子	C	C_{min}	A_{amm}	A_{nit}	A_{min}	R_{amm}	R_{nit}	R_{min}
N	*Ma*	32.73*	31.99*	0.00	0.00	0.00	0.00	0.00	0.00
N	*H*	0.19	0.70	0.00	0.00	0.00	0.00	0.00	0.00
N	SBD	0.00	0.00	0.00	0.00	0.00	0.00	0.00	0.00
N	Silt	25.11*	19.75*	0.00	0.00	11.41*	0.00	0.00	11.41*
N	Sand	3.17	5.32	0.00	0.00	0.00	0.00	0.00	0.00
N	pH	0.00	0.00	0.00	0.00	0.00	0.00	0.00	0.00
N	SOC	14.64	15.92	0.00	39.96**	31.19**	0.00	39.96**	31.19**

续表

样地	环境因子	C	C_{min}	A_{amm}	A_{nit}	A_{min}	R_{amm}	R_{nit}	R_{min}
N	STN	12.23	13.50	0.00	27.65**	27.79**	0.00	27.67**	27.79**
N	STP	0.00	0.00	0.00	0.00	0.00	0.00	0.00	0.00
N	MBN	1.24	0.07	0.00	0.00	0.00	0.00	0.00	0.00
N	SCA	5.14	3.50	0.00	0.00	0.00	0.00	0.00	0.00
N	SUA	2.24	1.65	0.00	3.30	3.86	0.00	3.30	3.86
N	SIA	1.01	1.24	0.00	0.00	0.00	0.00	0.00	0.00
N	变形菌门	0.33	0.64	0.00	0.00	0.00	0.00	0.00	0.00
N	拟杆菌门	1.40	0.14	0.00	0.00	0.00	0.00	0.00	0.00
N	芽单胞菌门	0.13	1.20	0.00	0.00	0.00	0.00	0.00	0.00
N	绿弯菌门	0.00	0.00	10.31	0.00	0.00	38.00*	0.00	0.00
N	晚生菌门	0.00	0.00	3.42	0.00	0.00	0.15	0.00	0.00
N	俭菌总门	0.00	0.00	3.99	0.00	0.00	2.42	0.00	0.00
N	Rokubacteria	0.00	0.00	0.00	3.12	3.46	0.00	3.20	3.46

注：C 表示土壤有机碳累积矿化量，C_{min} 表示土壤有机碳矿化速率，A_{amm} 表示土壤铵态氮积累量，A_{nit} 表示土壤硝态氮积累量，A_{min} 表示土壤无机氮积累量，R_{amm} 表示土壤氨化速率，R_{nit} 表示土壤硝化速率，R_{min} 表示土壤净氮矿化速率，* 表示 $P<0.05$，** 表示 $P<0.01$。

在放牧样地，土壤容重对 C 和矿化速率的解释度分别高达62.66%和70.89%，土壤粉粒含量与砂粒含量共同解释了29.33%的 C 变异和19.52%的 C_{min} 变异，土壤pH值、SOC、STN、STP共同解释了2.23%的 C 变异和2.38%的 C_{min} 变异，MBN、SIA、芽单胞菌门物种相对丰度解释了4.19%的 C 变异，5.87%的 C_{min} 变异由MBN、SIA、芽单胞菌门、变形菌门和疣微菌门物种相对丰度解释。STP 对 A_{amm} 和 R_{amm} 的解释度均为 27.76%，SUA、芽单胞菌门、疣微菌门物种相对丰度解释了 28.36% 的 A_{amm} 和 R_{amm} 变异。植物群落 Shannon 多样性指数解释了 27.57% 的 A_{nit} 变异和 27.58% 的 R_{nit} 变异，土壤容重解释了 18.58% A_{nit} 变异和 18.66% 的 R_{nit} 变异，SOC 和 STN 仅解释了 1.75% 的 A_{nit} 变异和 1.89% 的 R_{nit} 变异，SCA 和 SIA 共同解释了 22.43% 的 A_{nit} 变异和 22.60% 的 R_{nit} 变异，ace 指数解释了 4.32% 的 R_{nit} 变异。土壤容重解释了 27.17% 的 A_{min} 变异和 26.91% 的 R_{min} 变异，SOC 和 STN 对 A_{min} 的解释度分别为 10.89%，SOC 和 STN 对 R_{min} 的解释度为 11.46%，SIA 和 ace 指数共同解释了 32.29% 的 A_{min} 变异和 31.46% 的 R_{min} 变异（表 3.20）。

表 3.20　5 个样点放牧样地各影响因子对土壤碳氮矿化指标的解释度

单位：%

样地	环境因子	C	C_{min}	A_{amm}	A_{nit}	A_{min}	R_{amm}	R_{nit}	R_{min}
G	*Ma*	0.00	1.31	0.00	0.00	0.00	0.00	0.00	0.00
G	*H*	0.00	0.00	0.00	27.57*	0.00	0.00	27.58*	0.31
G	SBD	62.66**	70.89*	0.00	18.58*	27.17*	0.00	18.66*	26.91*
G	Silt	15.02**	8.82*	0.00	0.00	0.00	0.00	0.00	0.00
G	Sand	14.31**	10.70*	0.00	0.00	0.00	0.00	0.00	2.65
G	pH	0.11*	1.10	0.00	0.00	0.00	0.00	0.00	0.00
G	SOC	1.69**	1.14	0.00	0.36	10.27	0.00	0.32	10.77
G	STN	0.42**	0.04	0.00	1.39	0.62	0.00	1.57	0.69
G	STP	0.01	0.10	27.76*	0.00	0.00	27.76*	0.00	0.00

续表

样地	环境因子	C	C_{min}	A_{amm}	A_{nit}	A_{min}	R_{amm}	R_{nit}	R_{min}
G	MBN	0.13*	0.56	0.00	0.00	0.00	0.00	0.00	0.00
G	SCA	0.00	0.00	0.00	9.41	0.00	0.00	9.53	0.00
G	SUA	0.00	0.00	5.25	0.00	0.00	5.25	0.00	0.00
G	SIA	0.52**	2.01	0.00	13.02*	22.12*	0.00	13.07	22.79*
G	变形菌门	0.00	1.21	0.00	0.00	0.00	0.00	0.00	0.00
G	芽单胞菌门	3.54**	0.58	13.14	0.00	0.00	13.14	0.00	0.00
G	疣微菌门	0.00	1.51	9.97	0.00	0.00	9.97	0.00	0.00
G	Ace指数	0.00	0.00	0.00	0.00	10.17	0.00	4.32	8.67

注：C 表示土壤有机碳累积矿化量，C_{min} 表示土壤有机碳矿化速率，A_{amm} 表示土壤铵态氮积累量，A_{nit} 表示土壤硝态氮积累量，A_{min} 表示土壤无机氮积累量，R_{amm} 表示土壤氨化速率，R_{nit} 表示土壤硝化速率，R_{min} 表示土壤净氮矿化速率，* 表示 $P<0.05$，** 表示 $P<0.01$。

第4章 讨论

4.1 气候因子对土壤碳氮矿化的影响

4.1.1 样带气候因子对土壤碳氮矿化的影响

在全球变暖背景下，土壤碳氮矿化对温度变化的响应影响着陆地生态系统对全球气候变化反馈效应。研究表明，短期（2～3年）增温对高草草原土壤碳矿化速率影响不大（Zhang，et al.，2005），长期增温（10年）升高了土壤碳矿化速率，添加C3植物材料抵消了部分增温效应，添加C4植物材料促进了增温效应（Jia，et al.，2014）。增温降低了典型草原土壤累积碳矿化量、潜在可矿化碳量（Zhou，et al.，2012）和土壤碳矿化速率（Liu，et al.，2009）。Giardina等（2000）研究发现，在全球尺度上，森林土壤碳矿化速率并没有随着年平均温度改变而发生变化。在本研究中，欧亚温带草原东缘生态样带上具有温度梯度，随着纬度的降低，5个样点的年平均温度升高，土壤碳氮矿化指标及其放牧响应比并未随着年平均温度的升高出现规律性变化，但是土壤碳氮矿化对放牧响应比与表征气候干湿程度的干燥度指数有一定的关系。在未放牧样地，最干旱（干燥度指数最低）的E样点的土壤碳矿化作用、硝化作用、净氮矿化作用均显著小于其余4个样点，E样点的土壤有机碳矿化速率随着培养时间的增长幅度也显著小于其余4个样点，放牧样地土壤有机碳矿化速率与年降水量以及土壤铵态氮积累量、氨化速率与干燥度指数呈显著正相关。在干旱、半干旱地区，降水量和土壤湿度不仅是植物多样性、地上地下生物量、凋落物量、土壤微生物群落组成和活性和土壤碳氮储量的限制因子（Bai，et al.，2008），也是影响土壤有机碳氮矿化的重要环境因子（Borken and Matzner，2009；Suseela，et al.，2012；Mi，et al.，2015；Alexandra，et al.，2019）。在内蒙古典型草原的研究表明，增温和增雨对土壤碳矿化的影响存在交互效应（Zhou，et al.，2012），在干旱、半干旱草原区，增温对水分有效性和植物生长的间接抑制作用要大于直接促进效应，导致土壤碳矿化对增温表现出负反馈（Liu，et al.，2009）。因此，在大尺度上，温度对典型草原土壤碳氮矿化的影响，需要同时考虑水分（降水）因素。

4.1.2 室内培养温度对土壤碳氮矿化的影响

土壤碳氮矿化速率与温度整体呈正相关关系（Sierra，1997；Cookson，et al.，2002；Dalias，et al.，2002；Davidson and Janssens，2006；何念鹏等，2018）。本项研究表明，在室内不同温度条件下，5个样点土壤有机碳累积矿化量、有机碳矿化速率、硝化速率和净氮矿化速率随着温度的升高而增长。在未放牧样地，培养温度较低时（5℃和 15℃），温度对 5 个样点土壤有机碳累积矿化量、有机碳矿化速率、硝化速率和净氮矿化速率的影响不显著，培养温度较高时（25℃和 35℃），土壤有机碳矿化量和矿化速率、硝化速率和净氮矿化速率随着温度升高显著增加，干燥度指数最高（最湿润）的 T 样点的土壤有机碳累积矿化量和有机碳矿化速率随温度升高的增加幅度最大，干燥度指数最低（最干旱）的 E 样点的土壤有机碳累积矿化量、有机碳矿化速率、硝化速率和净氮矿化速率随温度升高的增加幅度最小；在放牧样地，4 个温度条件下的 C 和 C_{min} 随温度升高的增加幅度均变小，5℃、15℃、25℃条件下的土壤硝化速率和净氮矿化速率随温度升高的变化幅度减小，35℃时出现大幅增加。

Q_{10} 即温度升高 10℃土壤有碳氮矿化速率的相应改变量，不仅可以表征不同基质土壤的温度敏感性（Dalias，et al.，2002），还是衡量土壤碳氮矿化对未来温度变化响应的一个重要参数（Xu and Qi，2001；Cox，et al.，2000；Wang，et al.，2006；周焱，2009；李杰等，2014）。5 个样点土壤有机碳矿化速率 Q_{10} 在 1.69～2.94 之间，土壤净氮矿化速率 Q_{10} 在 1.61～2.06 之间，随着纬度的升高，土壤有机碳矿化速率的 Q_{10} 呈先升高后降低的趋势，土壤净氮矿化速率的 Q_{10} 呈升高趋势。对西藏地区 156 个样点的高寒草地的研究表明，干草原（steppe）土壤碳矿化 Q_{10}

比湿草原（meadow）高，基质特征和环境变量能共同解释37%的干草原 Q_{10} 变化和58%的湿草原 Q_{10} 变化，研究结果支持“质量-温度”假说，即基质质量越差，矿化时所需的酶促反应步骤越多，需要的活化能也越高，所以低质量基质比高质量基质对温度升高的响应更加剧烈，从而具有较高 Q_{10}（李杰等，2014；赵宁等，2014；Ding，et al.，2016）。本项研究中，土壤有机碳矿化速率、净氮矿化速率 Q_{10} 与基质质量指数以及表观活化能与基质质量指数均呈显著的负相关关系（$P<0.05$），说明基质质量越差的土壤碳氮矿化温度敏感性越高，对温度升高的响应更加剧烈，符合“质量-温度”假说。

4.2　放牧对土壤碳氮矿化的影响

4.2.1　放牧对土壤碳矿化的影响

已有研究表明，内蒙古典型草原土壤累积碳矿化量随着放牧强度的增加而降低（Barger，et al.，2004），放牧对意大利的维托博省的草地土壤碳矿化没有显著的影响（Moscatelli，et al.，2007），在前期的培养过程中，放牧促进了美国黄石国家公园土壤碳矿化速率，而在后期的培养过程中，放牧降低了土壤碳矿化速率（Douglas and Peter，1998）。本项研究中，放牧对不同样点土壤有机碳累积矿化量和有机碳矿化速率的影响是不同的。在25℃条件下培养21d后，E样点、S样点、T样点的放牧样地土壤有机碳累积矿化量显著低于未放牧样地，M样点、K样点未放牧样地和放牧样地土壤有机碳累积矿化量差异不显著；除了M样点外，其余4个样点的放牧样地土壤有机碳矿化速率显著低于未放牧样地。除了M样点外，土壤有机碳矿化速率放牧响应比随着干燥度指数升高而降低，干燥度指数最低（最干旱）的E样点的土壤有机碳矿化速率放牧响应比接近于1。放牧对 Q_{10} 值影响不显著，这与徐丽等（2013）在青藏高原高寒草地的研究结果一致。本研究还发现，放牧对土壤碳矿化产生了负效应，土壤有机碳矿化速率对放牧的响应比与干燥度指数呈极显著正相关（$P<0.05$），说明相对干旱的样点，放牧对土壤有机碳矿化速率的降低幅度较大，反之亦然。在相对干燥地区，食草作用使得适口性较差、较难分解的植物增加，而在相对湿润地区，食草作用使得适口性较好、易分解植物增加（Grime，1979；Milchunas，et al.，1988；Díaz，et al.，2007）。因此，在美国黄石国家公园，在上坡样点（干燥），食草动物通过增加相对难分解植物从而降低了土壤碳矿化作用，而在下坡和坡底样点（湿润），食草动物通过增加易分解植物从而加速了土壤碳矿化作用（Douglas，et al.，2011）。

土壤碳矿化与植被因子、土壤因子、土壤微生物等因子密切相关。已有研究表明，植物生产力（Feike，et al.，2006；Wang，et al.，2010）、植物群落组成结构、植物生长节律等因素等（朱小叶等，2019）都会影响土壤碳矿化过程。本项研究表明，在未放牧样地，土壤有机碳累积矿化量、有机碳矿化速率与植物 Margalef 丰富度指数、Shannon 多样性指数呈显著正相关（$P<0.05$）；在放牧样地，土壤有机碳累积矿化量与 Margalef 丰富度指数与 Shannon 多样性指数呈显著负相关关系（$P<0.05$）。研究者们发现，土壤有机碳、全氮、全磷、速效钾、黏粒和粉粒含量（李忠佩等，2004；Davidson and Janssens，2006；李顺姬等，2010；黄锦学等，2017）、土壤 C/N 值和土壤田间持水量（Xu，et al.，2016）等与土壤碳矿化显著相关。本项研究中，在未放牧样地，与土壤有机碳累积矿化量和有机碳矿化速率呈显著正相关的土壤理化因子包括：土壤粉粒含量、有机碳含量、全氮含量，呈显著负相关的土壤理化因子是土壤砂粒含量；在放牧样地，与土壤有机碳累积矿化量、有机碳矿化速率呈显著正相关的土壤理化因子包括土壤 pH 值、粉粒含量、有机碳含量、全氮含量，呈显著负相关的土壤理化因子是土壤容重、砂粒含量。欧洲撂荒地土壤细菌和真菌丰度分别能解释32.2%和17%的土壤碳矿化强度的变化（Vincent，et al.，2015）。广西混交林土壤碳矿化与土壤 k-对策细菌（酸杆菌门，Acidobacteria）丰富度负相关，与土壤 r-对策细菌（变形菌门和拟杆菌门，Proteobacteria and Bacteroidetes）丰富度正相关（Zhang，et al.，2018）。在本项研究中，在未放牧样地，土壤有机碳累积矿化量与土壤微生物生物量氮、过氧化氢酶活性、脲酶活性、蔗糖酶活性呈极显著正相关（$P<$

0.01），土壤有机碳矿化速率与3种土壤酶活性呈极显著正相关（$P<0.01$），与土壤有机碳累积矿化量、有机碳矿化速率呈正相关的是土壤变形菌门、拟杆菌门物种相对丰度，呈负相关的是广古菌门物种相对丰度，土壤有机碳累积矿化量还与芽单胞菌门物种相对丰度以及土壤有机碳矿化速率与纤细菌门物种相对丰度呈显著正相关（$P<0.05$）；在放牧样地，与土壤碳矿化呈正相关的因子有土壤蔗糖酶活性、微生物生物量氮。与土壤有机碳矿化速率呈正相关的是土壤变形菌门、纤细菌门、芽单胞菌门物种相对丰度，呈负相关的是疣微菌门物种相对丰度。土壤有机碳累积矿化量也与芽单胞菌门物种相对丰度呈显著正相关（$P<0.05$），土壤碳矿化与奇古菌门物种相对丰度呈极显著负相关（$P<0.01$）。

放牧降低了植被因子和土壤微生物因子对土壤碳矿化的解释度，使得土壤理化因子成为主要的控制因素，尤其是土壤物理性质，解释了近90%的放牧样地土壤碳矿化变异。因此，放牧对不同样点土壤碳矿化产生的不同影响是植被因子、土壤理化因子、土壤微生物因子共同作用产生的结果。虽然本研究中采用的是室内培养法测定土壤碳矿化，培养过程中排除了植物以及外界自然环境对土壤碳矿化的影响，而植被、土壤微生物因子对土壤碳矿化指标变异仍有不同程度的贡献，这种贡献可能源于放牧对植被因子、土壤微生物因子产生的直接影响，导致土壤理化因子发生改变，从而间接作用于土壤碳矿化过程。

4.2.2　放牧对土壤氮矿化的影响

已有研究表明，放牧对土壤氮矿化有促进作用（Xu, et al.，2007），因为放牧动物能加速有排泄物斑块土壤的养分循环（高英志等，2004），放牧行为通过刺激根系产生更多的分泌物，促进了根际微生物代谢，增加了不稳定性碳的可利用性，从而增强了土壤氮矿化（Paterson and Sim，1999；Hamilton and Frank，2001；Xu，et al.，2007；Liu，et al.，2011；Yan，et al.，2016；Zhou，et al.，2017），但也长期的高强度放牧可能导致土壤氮矿化的降低（李香真和陈佐忠，1998；吴田乡和黄建辉，2010；陈懂懂等，2011）。本项研究表明，在25℃培养过程中，在相对湿润的样点，放牧显著降低了土壤硝化作用和净氮矿化作用；在相对干旱的样点，放牧对土壤硝化作用和净氮矿化作用影响不大。Kauffman等（2004）采用25℃室内培养法研究湿草甸和干草甸的土壤氮矿化。结果表明，围封干草甸土壤氮硝化速率和净氮矿化速率与放牧干草甸之间没有显著差异，但围封湿草甸显著大于放牧湿草甸。Zhou等（2017）整合分析结果发现，轻度放牧有利于土壤氮的截存，而中度、重度放牧显著增加了土壤氮损失；放牧对干旱/半干旱地区土壤氮储量的减少幅度显著低于半湿润/湿润地区草原。本项研究表明，土壤硝态氮积累量、硝化速率、净氮矿化速率对放牧的响应比与干燥度指数呈极显著负相关（$P<0.01$），说明土壤氮矿化对放

牧的响应受气候干湿程度的调控。

土壤氮矿化也与植被因子、土壤理化因子、土壤微生物等因子密切相关。研究发现，植物物种（Tanja，et al.，2001）、植物凋落物 C/N 值（Vitousek，et al.，1982）、植物群落结构（Reich，et al.，1997）、植物地上净初级生产力（Reich，et al.，1997）等与土壤氮矿化相关。本研究中，在放牧样地，土壤硝态氮积累量、硝化速率、净氮矿化速率与植物 Shannon 多样性指数呈显著负相关关系（$P<0.05$）。土壤质地（Hassink，et al.，1993；Groffman，et al.，1996；Liu，et al.，2017）、土壤有机质（Berendse，1990；Liu，et al.，2017）、土壤 pH 值（Curtin，et al.，1998；王常慧等，2004）、土壤 C/N 值（Liu，et al.，2017）等影响土壤氮矿化。本研究发现，在未放牧样地，与土壤硝态氮积累量、硝化速率、无机氮积累量和净氮矿化速率呈正相关的土壤理化因子包括土壤粉粒含量、有机碳含量、全氮含量；在放牧样地，土壤硝态氮积累量、硝化速率、无机氮积累量和净氮矿化速率与土壤有机碳含量、全氮含量呈显著正相关（$P<0.05$），与土壤容重呈显著负相关（$P<0.05$），净氮矿化速率与砂粒含量呈显著负相关（$P<0.05$），土壤铵态氮积累量、氨化速率与全磷呈极显著正相关（$P<0.01$）。土壤微生物量氮（王常慧等，2004）、微生物活性（Hassink，et al.，1993）与土壤氮矿化有着密切的联系。自养硝化主要是由氨氧化细菌（AOB）和硝氧化细菌（NOB）主导，而异养硝化则是比

较广泛的细菌和真菌主导（De Boer and Kowalchu，2001；杨怡等，2018）。相比之下，有机氮硝化为硝态氮的过程则主要是由异养微生物驱动。本项研究表明，在未放牧样地，与土壤硝态氮积累量、硝化速率、无机氮积累量和净氮矿化速率呈正相关的土壤生物因子包括土壤脲酶活性、土壤细菌 Rokubacteria 物种相对丰度、土壤细菌群落 Shannon 多样性指数、Simpson 指数；呈负相关的是土壤 Candidatus _ Woykebacteria 物种相对丰度；土壤铵态氮积累量、氨化速率与绿弯菌门物种相对丰度呈显著正相关（$P<0.05$），与 Latescibacteria、Parcubacteria 物种相对丰度呈显著负相关（$P<0.05$）。在放牧样地，与土壤硝态氮积累量、硝化速率、无机氮积累量和净氮矿化速率呈正相关的土壤生物因子包括土壤蔗糖酶活性、观测到的 OTUs 数、ace 指数，土壤铵态氮积累量、氨化速率与脲酶活性以及土壤硝态氮积累量、硝化速率与过氧化氢酶活性呈显著正相关（$P<0.05$）；土壤铵态氮积累量、氨化速率与芽单胞菌门、Candidatus _ Azambacteria 物种相对丰度呈显著正相关（$P<0.05$），与疣微菌门物种相对丰度呈显著负相关（$P<0.05$）。

放牧改变了影响氨化作用的土壤细菌类群，降低了土壤化学因子（土壤有机碳含量和全氮含量）对土壤硝态氮积累量、硝化速率、无机氮积累量和净氮矿化速率的影响，增加了土壤物理性质（土壤容重）、土壤微生物因子（土壤蔗糖酶）的影响。放牧还使得植被因子（植物多样性）成为了土壤硝态氮积累量、硝化速率的控制因素。说明植被因子、土壤理化因子、土壤微生物因子共同作用于土壤氮矿化作用，由于本研究中采用的是室内培养法测定土壤氮矿化指标，所以土壤理化因子是直接影响因素，植被因子和土壤微生物因子是间接影响因素。

综合以上分析可以看出，能反映气候干湿条件的干燥度指数可以更好地说明气候因子对欧亚温带草原东缘典型草原土壤碳氮矿化的影响，在室内培养条件下，土壤碳氮矿化对温度的响应符合“基质-温度”假说。欧亚温带草原东缘典型草原土壤碳氮矿化对放牧的响应，由气候因子、植被因子、土壤理化因子、土壤微生物因子的共同作用决定。

第5章 全文结论

本文基于欧亚温带草原东缘生态样带，沿不同纬度带选取研究样点，开展未放牧与放牧成对草地样地土壤碳氮矿化作用研究，结合植被、土壤、土壤微生物数据，分析未放牧与放牧草地土壤碳氮矿化作用与植被、土壤、微生物的关系，探讨放牧对土壤碳氮矿化作用的影响机理。全文主要结论如下：

（1）在相对干旱的样点，放牧显著降低了植物生物量，升高了植物Shannon多样性指数，对Margalef丰富度指数影响不大；在相对湿润的样点，放牧降低植物生物量的幅度相对较小，但显著降低了Margalef丰富度指数、Shannon多样性指数。植物Margalef丰富度和Shannon多样性是影响土壤碳矿化的主要植被因子。植物Shannon多样性是影响放牧样地土壤氮矿化的主要植被因子。

（2）在相对干旱的样点，放牧降低了土壤容重，对土壤有机碳、全氮和全磷含量影响不大；在相对湿润的样点，放牧造成土壤有机碳、全氮含量下降，增加了土壤容重、全磷含量；放牧降低了最干旱样点的土壤pH值和最湿润样点的土壤黏粒含量、粉粒含量，升高了最湿润样点的砂粒含量。土壤粉粒、砂粒、有机碳与全氮含量是影响土壤碳矿化的主要土壤理化因子，放牧通过改变土壤理化因子对土壤碳氮矿化产生了不同影响。

（3）放牧增加了多数样点（除了最湿润样点）的土壤过氧化氢酶活性和脲酶活性。在相对干旱的样点，放牧增加了土壤微生物生物量氮，但对土壤细菌群落结构、OTUs 数影响不大；在相对湿润样点，放牧减少了 OTUs 数，并改变了其土壤细菌群落结构。土壤微生物生物量氮、过氧化氢酶活性、脲酶活性、蔗糖酶活性、土壤微生物群落组成是影响土壤碳矿化的主要土壤生物因子。放牧改变了土壤微生物因子，进而影响了土壤氮矿化过程。

（4）在样带的尺度上，温度与水分共同作用于土壤碳氮矿化对放牧的响应。能反映气候干湿条件的干燥度指数可以更好地说明气候因子对土壤碳氮矿化的影响。放牧对土壤有机碳累积矿化量和矿化速率产生了负效应，放牧响应比随着干燥度指数升高而降低。在相对湿润的样点，放牧对土壤硝化作用和净氮矿化产生了负效应。在相对干旱的样点，放牧对土壤硝化作用和净氮矿化产生了正效应。在室内培养条件下，土壤碳氮矿化对温度的响应符合“基质-温度”假说，说明基质质量越差的土壤，土壤碳氮矿化温度敏感性越高，对温度升高的响应更加剧烈。

（5）土壤碳氮矿化对放牧的响应，是气候因子、植被因子、土壤理化因子、土壤微生物因子的共同作用的结果，放牧可以改变各影响因子对土壤碳氮矿化的贡献度。

放牧降低了植被因子和土壤微生物因子对土壤碳矿化的解释度，使得土壤理化因子成为主要的控制因素，尤其是土壤物理性质，解释了近90%的放牧样地土壤碳矿化变异。放牧改变了影响土壤氨化作用的土壤细菌类群，降低了土壤化学因子（土壤有机碳含量和全氮含量）对土壤硝化作用和净氮矿化作用的影响，增加了土壤物理性质（土壤容重）、土壤微生物因子（土壤蔗糖酶）对土壤硝化作用和净氮矿化作用的影响。

第6章
创新点与展望

6.1 创新性结论

本项研究首次以欧亚温带草原东缘生态样带为研究平台，以样带上未放牧与放牧成对草原样地为研究对象，采用野外观测及室内控制温度培养法相结合的方法，系统研究大样带尺度上土壤碳氮矿化作用及其对放牧的响应。研究发现，表征气候干湿条件的干燥度指数可以更好地说明气候因子对土壤碳氮矿化的影响，放牧对相对干旱样点的土壤碳矿化和相对湿润样点的土壤氮矿化影响较大。放牧可以改变植被因子、土壤理化因子、土壤微生物因子对土壤碳氮矿化的解释度。例如，放牧降低了植被因子和土壤微生物因子对土壤碳矿化的解释度，使得土壤理化因子成为主要的控制因素，尤其是土壤物理性质，解释了近90%的放牧样地土壤碳矿化变异。放牧改变了影响土壤铵态氮积累量和氨化速率的土壤细菌类群，降低了土壤化学因子（土壤有机碳含量和全氮含量）对土壤硝态氮积累量、硝化速率、无机氮积累量和净氮矿化速率的影响，增加了土壤物理性质（土壤容重）、土壤微生物因子（土壤蔗糖酶）

的影响。放牧还使得植被因子（植物多样性）成为了土壤硝态氮积累量、硝化速率的控制因素。本项研究的结果，体现了 EEST 在揭示气候变化与人为干扰对欧亚温带草原生态系统各组分及生态功能的调控机制研究中的重要性，可以为欧亚温带草原生态系统应对气候变化和放牧退化草地的修复及制定适应性管理对策提供理论支撑。

6.2　展望

本研究从样带尺度，探讨了放牧对欧亚温带草原东缘典型草原土壤碳氮矿化的影响，从气候、植被、土壤、土壤微生物多层次了解了典型草原土壤碳氮矿化对放牧的响应机制。本研究虽然取得了一系列关于放牧及气候干燥度对草原土壤碳氮矿化等影响的研究结论，但仅仅是初步的研究结果，后续需要继续开展的研究还很多：

（1）鉴于气候干燥度和放牧对草原土壤碳氮矿化等的重要作用，进一步设置试验开展气候干燥度和放牧对草原生态系统交互影响的研究。

（2）在 EEST 样带尺度上，研究放牧退化草地恢复的技术和草原科学保护利用管理的对策。

（3）本项目研究发现，土壤物理性质解释了近 90%的放牧样地土壤碳矿化变异。因此，在放牧退化草原修复过程中，开展土壤物理性质对土壤碳矿化过程的影响机制研究，可以为提高土壤养分周转速率提供科学依据。

（4）本项目研究发现，放牧使得植被因子（植物多样性）成为了土壤硝态氮积累量、硝化速率的控制因素，在相对干旱样点，放牧升高了植物 Shannon 多样性，这可能是导致放牧对相对干旱样点土壤氮矿化影响较小的原因。因此，开展放牧退化草地恢复过程中草地植物多样性-生态系统功能互作研究，揭示植物多样性在退化草地恢复过程中对生态系统功能的调控机制，为放牧退化草地恢复提供理论支撑。

（5）本项研究发现，土壤细菌类群是土壤氨化作用的重要控制因子，放牧改变了影响土壤铵态氮积累量和氨化速率的土壤细菌类群。因此，从土壤细菌群落特征层面，开展对放牧对退化草地土壤氨化过程的影响机制研究，有助于发现有效的提高土壤氮周转速率的途径。

参考文献

[1] 白洁冰，徐兴良，宋明华，等．温度和氮素输入对青藏高原三种高寒草地土壤碳矿化的影响．生态环境学报，2011，20:855-859.

[2] 白永飞，黄建辉，潘庆民，等．草地和荒漠生态系统服务功能的形成与调控机制．植物生态学报，2014，38:93-102.

[3] 鲍士旦，2013. 土壤农化分析（第三版）. 北京:中国农业出版社：30-48.

[4] 北京诺禾致源生物信息科技有限公司．扩增子测序和分析方法流程，2020，1-6.

[5] 陈懂懂，孙大帅，张世虎，等．青藏高原东缘高寒草甸土壤氮矿化初探．草地学报，2011，19:420-424.

[6] 陈静，李玉霖，冯静，等．温度和水分对科尔沁沙质草地土壤氮矿化的影响．中国沙漠，2016，36:103-111.

[7] 代景忠，卫智军，何念鹏，等．封育对羊草草地土壤碳矿化激发效应和温度敏感性的影响．植物生态学报，2012，36:1226-1236.

[8] 杜宁宁，邱莉萍，张兴昌，等．干旱区土地利用方式对土壤碳氮矿化的影响．干旱地区农业研究，2017，35:73-78.

[9] 方精云，白永飞，李凌浩，等．我国草原牧区可持续发展的科学基础与实践．科学通报，2016，61:155-164.

[10] 高丽，侯向阳，王珍，等．重度放牧对欧亚温带草原东缘生态样带土壤氮矿化及其温度敏感性的影响．生态学报，2019，39:5095-5105.

[11] 高英志，韩兴国，汪诗平．放牧对草原土壤的影响．生态学报，2004，24:790-797.

[12] 关荫松．土壤酶及其研究方法．北京:农业出版社，1986.

[13] 韩兴国，李凌浩．内蒙古草地生态系统维持机理．北京：中国农业大学出版社，2012.

[14] 何念鹏，刘远，徐丽，等．土壤有机质分解的温度敏感性:培养与测定模式．生态

学报，2018，38:4045-4051.

[15] 何念鹏，温学发，于贵瑞，等．一种室内土壤微生物呼吸连续测定装置：CN201210007361.X.2012.

[16] 侯向阳．欧亚温带草原东缘生态样带研究探讨．中国草地学报，2012，34：108-112.

[17] 虎瑞，王新平，潘颜霞，等．沙坡头地区藓类结皮土壤净氮矿化作用对水热因子的响应．应用生态学报，2014，25:394-400.

[18] 黄锦学，熊德成，刘小飞，等．增温对土壤有机碳矿化的影响研究综述．生态学报，2017，37:12-24.

[19] 李江叶．内蒙古草原不同利用方式下土壤有机质矿化及其微生物学机理研究．杭州:浙江大学，2017.

[20] 李杰，魏学红，柴华，等．土地利用类型对千烟洲森林土壤碳矿化及其温度敏感性的影响．应用生态学报，2014，25：1919-1926.

[21] 李君剑，杜宏宇，刘菊，等．关帝山不同海拔土壤碳矿化和微生物特征．中国环境科学，2018，38:1811-1817.

[22] 李顺姬，邱莉萍，张兴昌．黄土高原土壤有机碳矿化及其与土壤理化性质的关系．生态学报，2010，30:1217-1226.

[23] 李西良．羊草对长期过度放牧的矮小化响应与作用机理．北京:中国农业科学院研究生院（草原研究所），2016.

[24] 李香真，陈佐忠．不同放牧率对草原植物与土壤 C、N、P 含量的影响．草地学报，1998，6:90-98.

[25] 李杨梅，贡璐，解丽娜．塔里木盆地北缘绿洲不同土地利用方式下土壤有机碳含量及其碳矿化特征．水土保持通报，2017，37:217-221.

[26] 李忠佩，张桃林，陈碧云．可溶性有机碳的含量动态及其与土壤有机碳矿化的关系．土壤学报，2004，41:544-552.

[27] 刘霜，张心昱，杨洋，等．温度对温带和亚热带森林土壤有机碳矿化速率及酶动力学参数的影响．应用生态学报，2018，29:433-440.

[28] 马克平，黄建辉，于顺利，等．北京东灵山地区植物群落多样性的研究：Ⅱ丰富度、均匀度和物种多样性．生态学报，1995，15:268-277.

[29] 马欣，魏亮，唐美玲，等．长期不同施肥对稻田土壤有机碳矿化及激发效应的影

响．环境科学，2018，12:1-12.

[30] 孟猛，倪健，张治国．地理生态学的干燥度指数及其应用评述．植物生态学报，2004，28:853-861.

[31] 穆少杰，周可新，陈奕兆，等．草地生态系统碳循环及其影响因素研究进展．草地学报，2014，22:439-447.

[32] 邱华，舒皓，吴兆飞，等．长白山阔叶红松林乔木幼苗组成及多度格局的影响因素．生态学报，2020，40:2049-2056.

[33] 汝海丽，张海东，焦峰，等．黄土丘陵区微地形对草地植物群落结构组成和功能特征的影响．应用生态学报，2016，27:25-32.

[34] 单玉梅．放牧强度和草地利用方式对内蒙古典型草原土壤氮矿化和凋落物分解的影响．呼和浩特：内蒙古农业大学，2016.

[35] 田飞飞，纪鸿飞，王乐云，等．施肥类型和水热变化对农田土壤氮素矿化及可溶性有机氮动态变化的影响．环境科学，2018，39:4717-4726.

[36] 王常慧，邢雪荣，韩兴国．草地生态系统中土壤氮素矿化影响因素的研究进展．应用生态学报，2004，15: 2184-2188.

[37] 王启基，李世雄，王文颖，等．江河源区高山嵩草（*Kobresia pygmaea*）草甸植物和土壤碳、氮储量对覆被变化的响应．生态学报，2008，28:885-894.

[38] 王若梦，董宽虎，何念鹏，等．围封对内蒙古大针茅草地土壤碳矿化及其激发效应的影响．生态学报，2013，33:3622-3629.

[39] 王喜明．碳、氮添加对藏北高寒草甸土壤碳、氮矿化及氮素转化速率的影响．兰州：兰州大学，2014.

[40] 王学霞，董世魁，高清竹，等. 青藏高原退化高寒草地土壤氮矿化特征以及影响因素研究. 草业学报，2018，27:1-9.

[41] 王玉红，马天娥，魏艳春，等．黄土高原半干旱草地封育后土壤碳氮矿化特征．生态学报，2017，37:378-386.

[42] 王植．基于物候表征的中国东部南北样带上植被动态变化研究．北京．中国林业科学研究院，2008.

[43] 吴建国，韩梅，苌伟，等．祁连山中部高寒草甸土壤氮矿化及其影响因素研究．草业学报，2007，6:39-46.

[44] 吴建国，张小全，徐德应．六盘山林区几种土地利用方式对土壤有机碳矿化影响

的比较．生态学报，2004，28:530-538.

[45] 吴金水，林启美，黄巧云．土壤微生物生物量测定方法及其应用．北京:气象出版社，2006.

[46] 吴田乡，黄建辉．放牧对内蒙古典型草原生态系统植物及土壤 δ15N 的影响．植物生态学报，2010，34:160-169.

[47] 郇嘉华，王立新，张景慧，等．温带典型草原土壤理化性质及微生物量对放牧强度的响应．草地学报，2018，26:832-840.

[48] 肖胜生，董云社，齐玉春，等．草地生态系统土壤有机碳库对人为干扰和全球变化的响应研究进展．地球科学进展，2009，24:1138-1148.

[49] 辛芝红，李君剑，赵小娜，等．煤矿区不同复垦年限的土壤有机碳矿化和酶活性特征．环境科学研究，2017，30:1580-1586.

[50] 徐丽，于书霞，何念鹏，等．青藏高原高寒草地土壤碳矿化及其温度敏感性．植物生态学报，2013，37:988-997.

[51] 徐宪根．武夷山不同海拔高度植被土壤氮的矿化动态．南京：南京林业大学，2009.

[52] 杨开军，杨万勤，贺若阳，等．川西亚高山 3 种典型森林土壤碳矿化特征．应用与环境生物学报，2017，23:0851-0856.

[53] 杨丽霞，潘剑君．土壤活性有机碳库测定方法研究进展．土壤通报，2004，35:502-506.

[54] 杨雪芹，许明祥，赵允格，等．黄土丘陵区踩踏干扰对生物土壤结皮有机碳组分及碳矿化潜力的影响．应用生态学报，2018，29:1283-1290.

[55] 杨怡，欧阳运东，陈浩，等．西南喀斯特区植被恢复对土壤氮素转化通路的影响．环境科学，2018，39: 2845-2852.

[56] 于贵瑞．全球变化与陆地生态系统碳循环和碳蓄积．北京:气象出版社，2003.

[57] 张新时，杨奠安．中国全球变化样带的设置与研究．第四纪研究，1995，1:43-52.

[58] 赵宁，张洪轩，王若梦，等．放牧对若尔盖高寒草甸土壤氮矿化及其温度敏感性的影响．生态学报，2014，34: 4234-4241.

[59] 周才平，欧阳华．温度和湿度对长白山两种林型下土壤氮矿化的影响．应用生态学报，2001，12:505-508.

[60] 周广胜，何奇瑾．生态系统响应全球变化的陆地样带研究．地球科学进展，2012，27：563-572.

[61] 周贵尧．放牧对草原生态系统碳，氮循环的影响：整合分析．镇江：江苏大学，2016.

[62] 周贵尧，吴沿友．放牧对草原生态系统不同气候区碳库影响的 Meta 分析．草业学报，2016，25:1-10.

[63] 周鸣铮．土壤肥力测定与测土施肥．北京：农业出版社，1988.

[64] 周焱．武夷山不同海拔土壤有机碳库及其矿化特征．南京:南京林业大学，2009.

[65] 周正虎，王传宽．帽儿山地区不同土地利用方式下土壤-微生物-矿化碳氮化学计量特征. 生态学报，2017，37：2428-2436.

[66] 朱剑兴，王秋凤，何念鹏，等．内蒙古不同类型草地土壤氮矿化及其温度敏感性. 生态学报，2013，33:6320-6327.

[67] 朱小叶，王娜，方晰，等．中亚热带不同退化林地土壤有机碳矿化的季节动态．生态学报，2019，39:1-10.

[68] ADAMS MA，ATTIWILL P M. Nutrient cycling and nitrogen mineralization in eucalypt forests of south-eastern Australia. II. Indices of nitrogen mineralization. Plant and Soil,1986，92:341-362.

[69] AERTS R. The freezer defrosting:global warming and litter decomposition rates in cold biomes. Journal of Ecology,2006，94:713-724.

[70] AHMED RS,MARIO E B,CAROLYN E G. Grazing intensity effects on litter decomposition and soil nitrogen mineralization. Journal of Range Management,1994, 47:444-449.

[71] ALEXANDER G,BADER N E,CHENG W. Effects of substrate availability on the temperature sensitivity of soil organic matter decomposition. Global Change Biology,2009，15:176-183.

[72] ALEXANDRA R,JORGE D,ANA R,et al. Interactive effects of forest die-off and drying-rewetting cycles on C and N mineralization. Geoderma,2019，333: 81-89.

[73] AN S,MENTLER A,ACOSTA-MARTÍNEZ V,et al. Soil microbial parameters and stability of soil aggregate fractions under different grassland communities on

the Loess Plateau, China. Biologia,2009,64:424-427.

[74] ANDRIOLI R J,DISTEL R A,DIDONÉ N G. Influence of cattle grazing on nitrogen cycling in soils beneath *Stipa tenuis*, native to central Argentina. Journal of Arid Environments,2010,74:419-422.

[75] BAI E,LI S,XU W,et al. A meta-analysis of experimental warming effects on terrestrial nitrogen pools and dynamics. New Phytologist,2013, 199:441-451.

[76] BAI Y,WU J,XING Q,et al. Primary production and rain use efficiency across a precipitation gradient on the Mongolia plateau. Ecology,2008,89:2140-2153.

[77] BARDGETT R D,JONES A C,JONES D L,et al. Soil microbial community patterns related to the history and intensity of grazing in sub-montane ecosystems. Soil Biology & Biochemistry,2001,33:1653-1664.

[78] BARGER N N, OJIMA D S, BELNAP J, et al. Changes in plant functional groups, litter quality, and soil carbon and nitrogen mineralization with sheep grazing in an Inner Mongolian Grassland. Journal of Rangeland Management, 2004,57:613-619.

[79] BERENDSE F. Organic matter accumulation and nitrogen mineralization during secondary succession in heathland ecosystems. Journal of Ecology, 1990, 78: 413-427.

[80] BEVER J D. Negative feedback within a mutualism:host-specific growth of mycorrhizal fungi reduces plant benefit. Proceedings of the Royal Society of London Series B-Biological Sciences, 2002,269:2595-2601.

[81] BONDE TA,SCHNURER J,ROSSWALL T. Microbial biomass as a fraction of potentially mineralizable nitrogen in soils from long-term field experiments. Soil Biology & Biochemistry, 1988,20:447-452.

[82] BORKEN W,MATZNER E. Reappraisal of drying and wetting effects on C and N mineralization and fluxes in soils. Global Change Biology,2009,15:808-824.

[83] CANADELL J. Carbon fluxes associated with present and historical land use cover change. In Proceedings of Internation Conference on Land use cover Change Dynamics. Aug:2001,26-30.

[84] CANADELL J G,STEFFEN W L,WHITE P S. IGBP/GCTE terrestrial transects:

Dynamics of editors IGBP/GCTE terrestrial transects: Dynamicsof terrestrial ecosystems under environmental change. Journal of Vegetation Science, 2002, 13: 298-300.

[85] CHAPIN III F S, CHAPIN M C, MATSON P A, et al. Principles of Terrestrial Ecosystem Ecology. Springer, 2011, 266-269.

[86] CHEN D, CHENG J, CHU P, et al. Regional-scale patterns of soil microbes and nematodes across grasslands on the Mongolian plateau: relationships with climate, soil, and plants. Ecography, 2015, 38: 622-631.

[87] CHENG L, ZHANG N, YUAN M, et al. Warming enhances old organic carbon decomposition through altering functional microbial communities. The ISME Journal, 2017, 11: 1825-1835.

[88] COLLINS H P, PAUL E A, PAUSTIAN K, et al. Characterization of soil organic carbon relative to its stability and turnover. In Paul E A, Paustian K, Elliott E T & Cole C V eds. Soil organic matter in temperate agroecosystems, long semi experiments in North America. Boca Ratan, Florida: CRC Press: 1997.

[89] COOKSON W R, CORNFORTH I S, ROWARTH J S. Winter soil temperature (2 ~ 15℃) effects on N transformations in clover green manure amended or unamended soils: a laboratory and field study. Soil Biology & Biochemistry, 2002, 34: 1401-1415.

[90] COX P M, BETTS R A, JONES C D, et al. Acceleration of global warming due to carbon cycle feedbacks in a coupled climate model. Nature, 2000, 480: 184-187.

[91] CRAINE J M, GELDERMAN T M. Soil moisture controls on temperature sensitivity of soil organic carbon decomposition for amesic grassland. Soil Biology & Biochemistry, 2001, 43: 455-457.

[92] CURTIN D C, CAMPBELL A, JAIL A. Effects of acidity on mineral-ization: pH-dependence of organic matter mineralization in weakly acidic soils. Soil Biology & Biochemistry, 1998, 30: 57-64.

[93] DALIAS P, ANDERSON J M, BOTTNEI P, et al. Temperature responses of net nitrogen mineralization and nitrification in conifer forest soils incubated under standard laboratory conditions. Soil Biology & Biochemistry, 2002, 34: 691-701.

[94] DAVIDSON E A, GALLOWAY L F, STRAND M K. Assessing available carbon:

comparison of techniques across selected forest soils. Communications in Soils Science and Plant Analysis,1987,18:45-64.

[95] DAVIDSON E A,JANSSENS I A. Temperature sensitivity of soil carbon decomposition and feedbacks to climate change. Nature,2006,440:165-173.

[96] DE BOER W, KOWALCHUK G A. Nitrification in acid soils:micro-organisms and mechanisms. Soil Biology & Biochemistry, 2001,33:853-866.

[97] DENIS C,MICHAEL H B,CATHERINE L S,et al. Mineralization of soil carbon and nitrogen following physical disturbance:a laboratory assessment. Soil & Water Management & Conservation, 2014,78:925-935.

[98] DÍ AZ S,LAVOREL S,MCLNTYRE S,et al. Plant trait responses to grazing-a global synthesis. Global Change Biology,2007,13:313-341.

[99] DING J,CHEN L,ZHANG B,et al. Linking temperature sensitivity of soil CO_2 release to substrate, environmental, and microbial properties across alpine ecosystems. Global Biogeochemical Cycles, 2016,30:1310-1323.

[100] DOUGLAS A F, PETER M G. Denitrification in a semi-arid grazing ecosystem. Oecologia, 1998,117:564-569.

[101] DOUGLAS A F, TIMOTHY D, KENDRA M,et al. Topographic and ungulate regulation of soil C turnover in a temperate grassland ecosystem. Global Change Biology,2011,17:495-504.

[102] FAYEZ R,MARYAM R. The influence of grazing exclosure on soil C stocks and dynamics, and ecological indicators in upland arid and semi-arid rangelands. Ecological Indicators, 2014,41:145-154.

[103] FEIKE AD,CHENG W,DALE W J. Plant biomass influences rhizosphere priming effects on soil organic matter decomposition in two differently managed soils. Soil Biology & Biochemistry,2006,38:2519-2526.

[104] FINN JA,KIRWAN L,CONNOLLY J,et al. Ecosystem function enhanced by combining four functional types of plant species in intensively managed grassland mixtures:a 3-year continental-scalefield experiment. Journal of Applied Ecology, 2013,50:365-375.

[105] FISK M C, SCHMIDT S K. Nitrogen mineralization and microbial biomass nitro-

gen dynamics in alpine tundra communities. Soil Science Society of America Journal,1995,59:1036-1043.

[106] FISSORE C,GIARDINA C P,KOLKA R K. Reduced substrate supply limits the temperature response of soil organic carbon decomposition. Soil Biology & Biochemistry,2013,67:306-311.

[107] FORDA D J, COOKSON V R, ADAMS M A. Role of soil drying in nitrogen mineralization and microbial community function of semi-arid grasslands of north-west Australia. Soil Biology & Biochemistry, 2007,39:1557-1569.

[108] GABRIEL Y K M,JOHN E H,MIKO U F K,et al. The temperature sensitivity of soil organic matter decomposition is constrained by microbial access to substrates. Soil Biology & Biochemistry, 2018,116:333-339.

[109] GALLARDO A,COVELO F,MORILLAS L,et al. Ciclos de nutrientes y procesos edáicos en los ecosistemas terrestres:especificidades del caso mediterr á neo y sus implicaciones para las relaciones suelo-planta. Ecosistemas,2009,18:4-19.

[110] GÄRDENÄS A I,ÅGREN G I,BIRD J A,et al. Knowledge gaps in soil carbon and nitrogen interactions—From molecular to global scale. Soil Biology & Biochemistry,2011,43:702-717.

[111] GIARDINA C P,RYAN M G. Evidence that decomposition rates of organic carbon in mineral soil do not vary with temperature. Nature,2000,404:858-861.

[112] GIBB M. Grassland management with emphasis on grazing behavior. Frontis, 2007,18:141-157.

[113] GILL R A. Influence of 90 years of protection from grazing on plant and soil processes in the subalpine of the Wasatch Plateau, USA. Rangeland Ecology & Managemen,2007,60:88-98.

[114] GILL R A,KELLY R H,PARTON W J,et al. Using simple environmental variables to estimate below-ground productivity in grasslands. Global Ecology and Biogeography,2002,11:79-86.

[115] GOLLUSCIO R A,AUSTIN A T,MARTÍNEZ G C G,et al. Sheep grazing decreases organic and nitrogen pools in the Patagonian steppe:combination of direct and indirect effects. Ecosystems, 2009,12:686-697.

[116] GREENWOOD K L, MCKENZIE B M. Grazing effects on soil physical properties and the consequences for pastures: a review. Australian Journal of Experimental Agriculture, 2001, 41: 1231-1250.

[117] GRIME J P. Plant Strategies and Vegetation Processes. New York: John Wiley and Sons, 1979

[118] GROFFMAN P M, EAGAN P S, SULLIVAN W M, et al. Grass species and soil type effects on microbial biomass and activity. Plant and Soil, 1996, 183: 61-67.

[119] GUNTINAS M E, LEIROS M C, TRASAR-CEPEDA C, et al. Effects of moisture and temperature on net soil nitrogen mineralization: a laboratory study. European Journal of Soil Biology, 2012, 48: 73-80.

[120] HAMDI S, MOYANO F, SALL S, et al. Synthesis analysis of the temperature sensitivity of soil respiration from laboratory studies in relation to incubation methods and soil conditions. Soil Biology & Biochemistry, 2013, 58: 115-126.

[121] HAMILTON E W, FRANK D A. Can plants stimulate soil microbesand their own nutrient supply? Evidence from a grazing tolerant grass. Ecology, 2001, 82: 2397-2402.

[122] HAN G, HAO X, ZHAO M, et al. Effect of grazing intensity on carbon and nitrogen in soil and vegetation in a meadow steppe in Inner Mongolia. Agriculture Ecosystems and Environment, 2008, 125: 21-32.

[123] HASSINK J, BOUWMAN L A, ZWARK K B, et al. Relationship between habitable pore space, soil biotaand mineralization rates in grassland soils. Soil Biology & Biochemistry, 1993, 25: 47-55.

[124] HAYATSU M, TAGO K, SAITO M. Various players in the nitrogencycle: diversity and functions of the microorganisms involved in nitrification and denitrification. Soil Science and Plant Nutrition, 2008, 54: 33-45.

[125] HE N, YU G. Stoichiometrical regulation of soil organic matter decomposition and its temperature sensitivity. Ecology and Evolution, 2016, 6: 620-627.

[126] HEDGES L V, GUREVITCH J, CURTIS P S. The meta-analysis of response ratios in experimental ecology. Ecology, 1999, 80: 1150-1156.

[127] HEJCMANOVA P, STEJSKALOVA M, PAVLU V, et al. Behavioural patterns of

heifers under intensive and extensive continuous grazing on species-rich pasture in the Czech Republic. Applied Animal Behaviour Science, 2009, 117: 137-143.

[128] HOLT J A. Grazing pressure and soil carbon, microbial biomass and enzyme activities in semi-arid northeastern Australia. Applied Soil Ecology, 1997, 5: 143-149.

[129] HUNGATE B A, DUKES J S, SHAW M R, et al. Nitrogen and climatec hange. Science, 2003, 302: 512-1513.

[130] HURLBERT S H. The non-concept of species diversity: a critique and alternative parameters. Ecology, 1971, 52: 577-586.

[131] IGBP. Science Plan and Implementation Strategy. IGBP Report, 2006, 55: 57

[132] IPCC, STOCKER T, QIN D, et al. Climate Change 2013: The physical science basis. Contribution of Working Group I to the Fifth Assessment Report of the Intergovernmental Panel on Climate Change. Cambridge: Cambridge University Press, 2013.

[133] JIA X, ZHOU X, LUO Y, et al. Effects of substrate addition on soil respiratory carbon release under long-term warming and clipping in a tallgrass prairie. PLoS ONE, 2014, 9: e114203.

[134] JORDI G, PERE C, LLUÍS C, et al. Factors regulating carbon mineralization in the surface and subsurface soils of Pyrenean mountain grasslands. Soil Biology & Biochemistry, 2008, 40: 2803-2810.

[135] KALBITZ K, SOLINGER S, PARK J H, et al. Controls on the dynamics of dissolved organic matter in soils: a review. Soil Science, 2000, 165: 277-304.

[136] KARHU K, MARC D A, JENNIFER A J D, et al. Temperaturesensitivity of soil respiration rates enhanced by microbial community response. Nature, 2014, 513: 81-84.

[137] KAUFFMAN J B, THOTPE A S, BROOKSHIRE E N J. Livestock exclusion and belowground ecosystem responses in riparian meadows of Eastern Oregon. Ecological Applications, 2004, 14: 1671-1679.

[138] KEITH P, JOHANNES L, STEPHEN O, et al. Climate-smart soils. Nature, 2016, 532: 49-57.

[139] KELLER J K, BRIDGHAM S D, CHAPIN C T, et al. Limited effects of six years of fertilization on carbon mineralization dynamics in a Minnesota fen. Soil Biology & Biochemistry, 2005, 37: 1197-1204.

[140] KIRSCHBAUM M U F. The temperature dependence of soil organic matter decomposition and the effect of global warming on soil organic C storage. Soil Biology & Biochemistry, 1995, 27: 753-760.

[141] KOCH O, TSCHERKO D, KANDELER E. Temperature sensitivity of microbial respiration, nitrogen mineralization, and potential soil enzyme activities in organic alpine soils. Global Biogeochemical Cycles, 2007, 21: 1-11.

[142] KOCHG W, SCHOLES R J, STEFFEN W L, et al. The IGBP terrestrial transects: science plan. IGBP Report. Stockholm: IGBP, 1995, 36: 130-141.

[143] KUZYAKOV Y. Review: Factors affecting rhizosphere priming effects. Journal of Plant Nutrition and Soil Science, 2002, 165: 382-396.

[144] LAFUENTE A, BERDUGO M, de GUEVARA ML, et al. Simulated climate change affects how biocrusts modulate water gains and desiccation dynamics after rainfall events. Ecohydrology, 2005, 11: e1935.

[145] LEBAUER D S, TRESEDER K K. Nitrogen limitation of net primary productivity in terrestrial ecosystems is globally distributed. Ecology, 2008, 89: 371-379.

[146] LENTON T M, HUNTINGFORD C. Global terrestrial carbon storage and uncertainties in its temperature sensitivity examined with a simple model. Global Change Biology, 2003, 9: 1333-1352.

[147] LI X, WANG Z, MA Q, LI F. Crop cultivation and intensive grazing affect organic C pools and aggregate stability in arid grassland soil. Soil & Tillage Research, 2007, 95: 172-181.

[148] LIPSON D A, SCHADT C W, SCHMIDT S K. Changes in soil microbial community structure and function in an alpine dry meadow following spring snow melt. Microbial Ecology, 2002, 43: 07-314.

[149] LIU T, NAN Z, HOU F. Grazing intensity effects on soil nitrogen mineralization in semi-arid grassland on the Loess Plateau of northern China. Nutrient Cycling in Agroecosystems, 2011, 91: 67-75.

[150] LIU W,ZHANG Z,WAN S. Predominant role of water in regulating soil and microbial respiration and their responses to climate change in a semiarid grassland. Global Change Biology,2009,15:84-195.

[151] LIU Y,HE N,WEN X,et al. Patterns and regulating mechanisms of soil nitrogen mineralization and temperature sensitivity in Chinese terrestrial ecosystems. Agriculture Ecosystems and Environment,2016,215:40-46.

[152] LIU Y,WANG C,HE N,et al. A global synthesis of the rate and temperature sensitivity of soil nitrogen mineralization:latitudinal patterns and mechanisms. Global Change Biology,2017,23:455-464.

[153] LOISEAU P,SOUSSANA J F. Effects of elevated CO_2,temperature and N fertilization on nitrogen fluxes in a temperate grassland ecosystem. Global Change Biology,2000,6:953-965.

[154] LUO C,XU G,CHAO Z. Effect of warming and grazing on litter mass loss and temperature sensitivity of litter and dung mass loss on the Tibetan Plateau. Global Change Biology,2010,16:1606-1617.

[155] LUO Y,HUI D,ZHANG D. Elevated CO_2 stimulates net accumulations of carbon and nitrogen in land ecosystems:a meta-analysis. Ecology,2006,87:53-63.

[156] LUO Y,SU B,CURRIE W S,et al. Progressive nitrogen limitation of ecosystem responses to rising atmospheric carbon dioxide. Bioscience,2004,54:731-739.

[157] LUO Y, ZHOU X. Soil Respiration and the Environment. Pittsburgh: Academic Press,2006.

[158] MARK J H,PAUL C D,NEWTON Y O. Warming has a larger and more persistent effect than elevated CO_2 on growing season soil nitrogen availability in a species-rich grassland. Plant and Soil, 2017,421:417-428.

[159] Mi J,LI J,CHEN D. Predominant control of moisture on soil organic carbon mineralization across a broad range of arid and semiarid ecosystems on the Mongolia plateau Landscape. Ecology, 2015,30:1683-1699.

[160] MILCHUNAS D G,SALA O E,LAUENROTH W K. A generalized model of the effects of grazing by large herbivores on grassland community structure. American Naturalist,1988,132:87-106.

[161] MORILLAS L,DURÁN J,RODRÍGUEZ A,et al. Nitrogen supply modulates the effect of changes in drying-rewetting frequency on soil C and N cycling and greenhouse gas exchange. Global Change Biology,2015,21:3854-3863.

[162] MOSCATELLI M C,TIZIO A D,MARINARI S. Microbial indicators related to soil carbon in Mediterranean land use systems. Soil & Tillage Research,2007,97:51-59.

[163] MURTY D,KIRSCHBAURM M U,MCMURTRIE R E. Does conversion of forest to agricultural land change soil carbon and nitrogen? A review of the literature. Global Change Biology,2002,8:105-123.

[164] NICOLAS F,ISABELLE B. Aboveground litter quality is a better predictor than belowground microbial communities when estimating carbon mineralization along a land-use gradient. Soil Biology & Biochemistry,2016,94:48-60.

[165] NORTON U,SAETRE P,HOOKER T D,et al. Vegetation and moisture controls on soil carbon mineralization in semiarid environments. Soil Science Society of America Journal,2012,76:1038-1047.

[166] NOUVELLON Y,RAMBAL S,LOSEEN D,et al. Modelling of daily fluxes of water and carbon from shortgrass steppes. Agricultural and Forest Meteorology,2000,100:137-153.

[167] OLIVER K,DAGMAR T,ELLEN K. Temperature sensitivity of microbial respiration, nitrogen mineralization, and potential soil enzyme activities in organic alpine soils. Global Biogeochemical Cycles,2007,21:GB4017,1-11.

[168] OLOFSSON J,KITTI H,RAUTIAINEN P,et al. Effects of summer grazing by reindeer on composition of vegetation, productivity and nitrogen cycling. Ecography,2001,24:13-24.

[169] OREN R,ELLSWORTH D S,JOHNSEN K H,et al. Soil fertility limits carbon sequestration by forest ecosystems in a co-enriched atmosphere. Nature,2001,411:469-472.

[170] PAPANIKOLAOU A D,FYLLAS N M,MAZARIS A D,et al. Grazing effects on plant functional group diversity in Mediterranean shrublands. Biodiversity & Conservation,2001,20:2831-2843.

[171] PARTON W J,SCURLOCK J M O,OJIMA D S SCHIMEL D S,et al. Impact of climate change on grassland production and soil carbon worldwide. Global Change Biology,1995,1:13-22.

[172] PATERSON E,SIM A. Rhizodeposition and C-partitioning of Lolium perenne in axenic culture affected by nitrogen supply and defoliation. Plant and Soil,1999,216:155-164.

[173] PAUL E A,MORRIS S J,BÖHM S. The determination of soil C pool sizes and turnover rates:biophysical fractionation and tracers. In:Lal R, Kimble J M, Follett R F, Stewart eds B A. Assessment Methods for Soil Carbon. Boca Raton, Florida:Lewis Publishers,2001,193-206.

[174] PEI S,FU H,WAN C. Changes in soil properties and vegetation following exclosure and grazing in degraded Alxa desert steppe of Inner Mongolia, China. Agriculture Ecosystems and Environment,2008,124:33-39.

[175] PENG F,XUE X,YOU Q,et al. Intensified plant N and C pool with more available nitrogen under experimental warming in an alpine meadow ecosystem. Ecology and Evolution,2016,6:8546-8555.

[176] PEPIN S,KORNER C. Web-FACE:a new canopy free-air CO_2 enrichment system for tall trees in mature forest. Oecologia,2002,133:1-9.

[177] PIELOU E C. Ecological diversity. New York:John Wiley and Sons,1975.

[178] PIÑEIRO G,PARUELO J M,OESTERHELD M. Pathways of grazing effects on soil organic carbon and nitrogen. Rangeland Ecology & Management,2010,63:109-119.

[179] QI S,ZHENG H,LIN Q,et al. Effects of livestock grazing intensity on soil biota in a semiarid steppe of Inner Mongolia. Plant and Soil,2011,340:117-126.

[180] QUAN Q,WANG C,HE N,et al. Forest type affects the coupled relationships of soil C and N mineralization in the temperate forests of northern China. Scientific Report,2014,4:6584.

[181] REICH P B,GRIGAL D F,ABER J D,et al. Nitrogen mineralization and above ground net primary production in 50 stands in a cold-temperate forest biome. Ecology,1997,78:335-347.

[182] REICHSTEIN M,SUBKE J A,ANGELI A C,et al. Does the temperature sensitivity of decomposition of soil organic matter depend upon water content, soil horizon, or incubation time? Global Change Biology,2005,11:1754-1767.

[183] REY A,OYONARTE,MORÁN-LÓPEZ C,et al. Changes in soil moisture predict soil carbon losses upon rewetting in a perennial semiarid steppe in SE Spain. Geoderma,2017,287:135-146.

[184] REYNOLDS H L,PACKER A,BEVER J D,et al. Grassroots ecology:Plant-microbe-soil interactions as drivers of plant community structure and dynamics. Ecology,2003,84:2281-2291.

[185] ROBERTSON G P,WEDIN D,GROFFMAN P M,et al. Soil carbon and nitrogen availability. In:RobertsonG P, Bledsoe C S, Coleman D C, Sollins eds P. Standard Soil Methods for Longterm Ecological Research. New York: Oxford University Press,1999,258-271.

[186] RUI Y,WANG S,XU Z,et al. Warming and grazing affect soil labile carbon and nitrogen pools differently in an alpine meadow of the Qinghai-Tibet Plateau in China. Journal of Soils and Sediments,2011,11:903-914.

[187] RUSTAD L E,CAMPBELL J L,MARION G M,et al. A meta-analysis of the response of soil respiration, net nitrogen mineralization, and aboveground plant growth to experimental ecosystem warming. Oecologia,2001,126:543-562.

[188] SCHMIDT M W I,TORN M S,ABIVEN S,et al. Persistence of soil organic matter as an ecosystem property. Nature,2011,478:47-56.

[189] SCHUMAN G E,JANZEN H H,HERRICK J E. Soil carbon dynamics and potential carbon sequestration by rangelands. Environmental Pollution, 2002, 116: 391-396.

[190] SEMMARTIN M,GARIBALDI L A,CHANETON E J. Grazing history effects on above and below-ground litter decomposition and nutrient cycling in two co-occurring grasses. Plant and Soil,2008,303:177-189.

[191] SHAN Y,CHEN D,GUAN X. Seasonally dependent impacts of grazing on soil nitrogen mineralization and linkages to ecosystem functioning in Inner Mongolia grassland. Soil Biology & Biochemistry,2011,43:1943-1954.

[192] SHARIFF A R, BIONDINI M E, GRYGIEL C E. Grazing intensity effects on litter decomposition and soil nitrogen mineralization. Journal of Range Management, 1994,47:444-449.

[193] SHAVER G R,CANADEll J,CHAPIN F S. Global warming and terrestrial ecosystems:a conceptual framework for analysis. Bioscience,2000,50:871-882.

[194] SHAW M R, HARTE J. Response of nitrogen cycling to simulated climate change:differential responses along a subalpine ecotone. Global Change Biology, 2001,7:193-210.

[195] SIERRA J. Temperature and soil moisture dependence of N mineralization in intact soil core. Soil Biology & Biochemistry,1997,29:1557-1563.

[196] SINGER F J,SCHOENECKER K A. Do ungulates accelerate or decelerate nitrogen cycling? Forest Ecology and Management,2003,181:189-204.

[197] SONG X,ZHU J,HE N. Asynchronous pulse responses of soil carbon and nitrogen mineralization to rewetting events at a short-term: regulation by microbes. Scientific Reports,2017,7:7492.

[198] STARK J M,FIRESTONE M K. Mechanisms for soil moistureeffects on activity of nitrifying bacteria. Applied and Environmental Microbiology, 1995, 61: 218-221.

[199] STAVI I,UNGAR E D,LAVEE H. Grazing-induced spatial variability of soil bulk density and content of moisture,organic carbon and calcium carbonate in a semiarid rangeland. Catena,2008,75:288-296.

[200] STEFFENS M,KÖLBL A,TOTSCHE K U,et al. Grazing effects on soil chemical and physical properties in a semiarid steppe of Inner Mongolia (PR China). Geoderma,2008,143:63-72.

[201] STEFFEN W L,SCHOLES R,VALENTIN C,et al. The IGBP terrestrial transects. The Terrestrial Biosphere and Global Change:Implications for Natural and Managed Ecosystems,1999:66-87.

[202] STEFFEN W L,WALKER B H,INGRAM J S. Global change and terrestrial ecosystem:the operational plan (IGBP Report No. 21). IGBP-ICSU, Stockholm, 1992:1-384.

[203] STOCKER T F, QIN D, PLATTNER G K, et al. Working group I contribution to the fifth assessment report of the intergovernmental panel on climate change. Full WGI AR5 Report. IPCC, 2013.

[204] SUN S, LIU J, CHANG S X. Temperature sensitivity of soil carbon and nitrogen mineralization: Impacts of nitrogen species and land use type. Plant and Soil, 2013, 372: 597-608.

[205] SUSEELA V, CONANT R T, WALLENSTEIN M D, et al. Effects of soil moisture on the temperature sensitivity of heterotrophic respiration vary seasonally in an old-field climate change experiment. Global Change Biology, 2012, 18: 336-348..

[206] TANJA A J, KRIFT V D, FRANK B. The effect of plant species on soil nitrogen mineralization. Journal of Ecology, 2001, 89: 555-561.

[207] TEMPLER P H, GROFFMAN P M, FLECKER A S, et al. Land use change and soil nutrient transformations in the Los Haitises region of the Dominican Republic. Soil Biology & Biochemistry, 2005, 37: 215-225.

[208] TRUMBORE S. Carbon respired by terrestrial ecosystem recent progress and challenges. Global Change Biology, 2006, 12: 141-153.

[209] VINCENT T, AYMÉ S, OLIVIER M, et al. Shifts in microbial diversity through land use intensity as drivers of carbon mineralization in soil. Soil Biology & Biochemistry, 2015, 90: 204-213.

[210] VITOUSEK P M, GOSE J R, GRIERC C. A comparative analysis of potential nitrification and nitrate modicum production in soil under waterlogged conditions as an index of nitrogen availability, neutrality in forest ecosystem. Ecological Monographs, 1982, 52: 155-177.

[211] WAN S, HUI D, WALLACE L, et al. Direct and indirect warming effects on ecosystem carbon processes in a tallgrass prairie. Global Biogeochemical Cycles, 2005, 19: GB2014.

[212] WANG C, HAN X, XING X. Effects of grazing exclusion on soil net nitrogen mineralization and nitrogen availability in a temperate steppe in northern China. Journal of Arid Environments, 2010, 74: 1287-1293.

[213] WANG C,WAN S,XING X,et al. Temperature and soil moisture interactively affected soil net N mineralization in temperate grassland in Northern China. Soil Biology & Biochemistry,2006,38:1101-1110.

[214] WANG G,ZHOU Y,XU X,et al. Temperature sensitivity of soil organic carbon mineralization along an elevation gradient in the Wuyi Mountains, China. PLoS One,2013,8:e53914.

[215] WANG Q,HE N,LIU Y,et al. Strong pulse effects of precipitation events on soil microbial respiration in temperate forests. Geoderma,2016,275:67-73.

[216] WANG Q, ZHONG M. Composition and mineralization of soil organic carbon pools in four single-tree species forest soils. Journal of Forestry Research, 2016, 27:1277-1285.

[217] WANG S,DUAN J,XU G,et al. Effects of warming and grazing on soil N availability, species composition, and ANPP in an alpine meadow. Ecology, 2012, 93: 2365-2376.

[218] WANG S,ZHANG W,SANCHEZ F. Relating net primary productivity to soil organic matter decomposition rates in pure and mixed Chinese fir plantations. Plant and Soil,2010,334:501-510.

[219] WEEDON J T,AERTS R,KOWALCHUK G A,et al. Temperature sensitivity of peatland C and N cycling:Does substrate supply play a role? Soil Biology & Biochemistry,2013,61:109-120.

[220] WESTOVER K M,BEVER J D. Mechanisms of plant species coexistence:roles of rhizosphere bacteria and root fungal pathogens. Ecology,2001,82:3285-3294.

[221] WETTERSTEDT J Å M,PERSSON T,ÅGREN G I. Temperature sensitivity and substrate quality in soil organic matter decomposition: results of an incubation study with three substrates. Global Change Biology,2010,16:1806-1819.

[222] WOODWARD S L. The Temperate Grassland Biome. In S. L. Woodward (Ed.), Grassland biomes. London:Greenwood Press,2008:50-154.

[223] WU H,WIESMEIER M,YU Q,et al. Labile organic C and N mineralization of soil aggregate size classes in semiarid grasslands as affected by grazing management. Biology and Fertility of Soils, 2012,48:305-313.

[224] XU M, QI Y. Spatial and seasonal variation of Q_{10} determined by soil respiration measurements at a Sierra Nevadan forest. Global Biogeochemical Cycles,2001,15:687-697.

[225] XU X, LUO Y, ZHOU J. Carbon quality and the temperature sensitivity of soil organic carbon decomposition in a tallgrass prairie. Soil Biology & Biochemistry, 2012,50:142-148.

[226] XU X,SHI Z,LI D,et al. Soil properties control decomposition of soil organic carbon:results from data-assimilation analysis. Geoderma,2016,262:235-242.

[227] XU Y,LI L,WANG Q. The pattern between nitrogen mineralization and grazing intensities in an Inner Mongolian typical steppe. Plant and Soil, 2007, 300:289-300.

[228] YAHDJIAN L,SALA O E. Do litter decomposition and nitrogen mineralization show the same trend in the response to dry and wet years in the Patagonian steppe? Journal of Arid Environments,2008,72:687-695.

[229] YAN R,YANG G,CHEN B,et al. Effects of livestock grazing on soil nitrogen mineralization on Hulunber meadow steppe, China. Plant Soil and Environment, 2016,62:202-209.

[230] ZAREKIA S,JAFARI M,ARZANI H,et al. Grazing effects on some of the physical and chemical properties of soil. World Applied Sciences Journal, 2012, 20:205-212.

[231] ZHANG W,PARKER K,LUO Y. Soil microbial responses to experimental warming and clipping in a tall grass prairie. Global Change Biology,2005,11:266-277.

[232] ZHANG X,LIU S,HUANG Y,et al. Tree species mixture inhibits soil organic carbon mineralization accompanied by decreased r-selected bacteria. Plant and Soil,2018,431:1-14.

[233] ZHANG X,SHEN Z,GANG F. A meta-analysis of the effects of experimental warming on soil carbon and nitrogen dynamics on the Tibetan Plateau. Applied Soil Ecology,2015,87:32-38.

[234] ZHANG X,TANG Y,SHI Y,et al. Responses of soil hydrolytic enzymes, ammonia-oxidizing bacteria and archaea to nitrogen applications in a temperate grassland

in Inner Mongolia. Scientific Reports, 2016, 6: 32791.

[235] ZHOU G, ZHOU X, HE Y, et al. Grazing intensity significantly affects belowground carbon and nitrogen cycling in grassland ecosystems: a meta-analysis. Global Change Biology, 2017, 23: 1167-1179.

[236] ZHOU X, CHEN C, WANG Y, et al. Effects of warming and increased precipitation on soil carbon mineralization in an Inner Mongolian grassland after 6 years of treatments. Biology & Fertility of Soils, 2012, 48: 859-866.

附录一

主要符号对照表

英文缩写	英文全称	中文名称
A	Substrate quality index	基质质量指数
A_{amm}	Accumulation of ammonium nitrogen	土壤铵态氮积累量
A_{min}	Accumulation of total inorganic nitrogen	土壤无机氮积累量
A_{nit}	Accumulation of nitrate nitrogen	土壤硝态氮积累量
AGB	Aboveground biomass	地上生物量
AI	Aridity index	干燥度指数
BGB	Belowground biomass	地下生物量
C	Cumulative mineralization amount of SOC	土壤有机碳累积矿化量
C_{min}	Soil carbon mineralization rate	土壤有机碳矿化速率
E_a	Apparent activation energy	表观活化能
EEST	Eastern Eurasian Steppe Transect	欧亚温带草原东缘生态样带
H	Shannon diversity index	Shannon 多样性指数
J	Pielou evenness index	Pielou 均匀度指数
Ma	Margalef richness index	Margalef 丰富度指数
MAP	Mean annual precipitation	年平均降水量
MAT	Mean annual temperature	年平均温度

续表

英文缩写	英文全称	中文名称
MBC	Microbial biomass carbon	土壤微生物生物量碳
MBN	Microbial biomass nitrogen	土壤微生物生物量氮
NH_4^+-N	Soil ammonium nitrogen	土壤铵态氮
NO_3^--N	Soil nitrate nitrogen	土壤硝态氮
Q_{10}	Temperature sensitivity	温度敏感性
R_{amm}	Soil ammoniation rate	土壤氨化速率
R_{min}	Soil net nitrogen mineralization rate	土壤净氮矿化速率
R_{nit}	Soil nitrification rate	土壤硝化速率
RR	The response ration	响应比
SBD	Soil bulk density	土壤容重
SCA	Soil catalase activity	土壤过氧化氢酶活性
SIA	Soil invertase activity	土壤蔗糖酶活性
SOC	Soil organic carbon	土壤有机碳
STN	Soil total nitrogen	土壤全氮
STP	Soil total phosphorus	土壤全磷
SUA	Soil urease activity	土壤脲酶

附录二

作者简介

高丽，女，1980年生，内蒙古鄂尔多斯市人。2003年获内蒙古大学环境科学专业学士学位，2006年获内蒙古大学生态学专业硕士学位，2014年考入中国农业科学院草原研究所草地资源利用与保护专业攻读博士学位。2006年至今在中国农业科学院草原研究所工作，工作期间历任研究实习员、助理研究员、副研究员。2018年，获得国家公派高级研究学者、访问学者、博士后项目，2019年6月至2020年8月，在美国北亚利桑那大学访学。参加工作以来，一直从事草地生态学方面的研究工作，研究内容包括草原生态系统碳、氮循环及沙地草原生态系统要素的长期定位观测等。主持项目7项，参加项目20项。主编著作1部，参编4部。主笔与合作发表学术论文40篇，获省部级奖2项，授权实用新型专利3项，获得软件著作权2项。

攻读博士学位期间，主持科研项目3项，参加项目10项，主编著作1部，参编3部，第一作者发表论文3篇，合作发表论文6篇，授权实用新型专利3项。

1. 主持项目（3项，中央级公益性科研院所基本科研业务费项目）：

（1）鄂尔多斯高原不同保护利用方式下沙地草场土壤种子库特征研究，2014.1-2014.12

（2）欧亚温带草原东缘生态样带温度和放牧互作效应对土壤微生物群落的影响，2015.1-2015.12

（3）欧亚温带草原东缘生态样带土壤碳氮矿化作用对温度和放牧的响应，2016.1-2017.12

2. 著作（主著1部，参编3部）：

（1）高丽，闫志坚，王育青著．鄂尔多斯沙地草原生态系统定位观测与研究数据集．内蒙古大学出版社，2014年12月（主著）

（2）侯向阳，丁勇等著．内蒙古主要草原类型区保护建设技术固碳潜力研究．科学出版社，2014年9月（参编，本人撰写第一章部分内容以及第五章大部分内容）

（3）徐杰，闫志坚，哈斯巴根，刘铁志等著．内蒙古维管植物图鉴（双子叶植物卷）．科学出版社，2015年（参编，排名第6）

（4）解继红，任卫波，德英等．离子束生物技术在鹅观草种质创新中的应用研究．西安交通大学出版社，2015年．（参编，排名第10）

3. 发表论文（第一作者发表论文3篇，合作发表论文6篇）

（1）第一作者发表论文

高丽，侯向阳，王珍，2021. 草地生态系统土壤碳矿化研究进展．中国草地学报，已接收．

高丽，侯向阳，王珍，韩文军，运向军，2019. 重度放牧对欧亚温带草原东缘生态样带土壤氮矿化及其温度敏感性的影响．生态学报，39：5095-5105.

高丽，朱清芳，闫志坚，王育青，侯向阳，戴雅婷，2017. 放牧对鄂尔多斯高原油蒿草场生物量及植被-土壤碳密度的影响．生态学报，37：3074-3083.

（2）合作发表论文

李超，高丽，王育青，闫志坚，朱勇，2019. 用灰色关联系数法对 9 个苜蓿品种在田间旱作条件下叶绿素荧光、水分及生产特性的综合评价．江苏农业科学，47：156-161.

唐宽燕，闫志坚，尹强，高丽，王慧，于洁，孟元发，王育青，赵虎生，2018. 库布齐沙地不同沙丘类型植物多样性研究．中国草地学报，40：71-77.

戴雅婷，闫志坚，吴洪新，解继红，侯向阳，高丽，2018. 库布齐沙地四种植被类型土壤呼吸的昼夜变化及其影响因子．中国草地学报，40：102-108.

戴雅婷，闫志坚，解继红，吴洪新，徐林波，侯向阳，高丽，崔艳伟，2017. 基于高通量测序的两种植被恢复类型根际土壤细菌多样性研究．生态学报，54：735-748.

戴雅婷，侯向阳，闫志坚，吴洪新，解继红，张晓庆，高丽，2016. 库布齐沙地两种植被恢复类型根际土壤微生物和土壤化学性质比较研究．生态学报，36：6353-6364.

于洁，高丽，闫志坚，王育青，2015. 库布齐沙漠东段不同演替阶段沙丘土壤种子库变化特征．中国草地学报，37：80-85.

4. 实用新型专利（3项）

（1）一种土壤有机碳矿化培养装置，ZL 2017 2 0775828.3，第一发明人

（2）一种土壤种子库萌发装置，ZL 2017 2 0775827.9，第一发明人

（3）一种土壤种子库取样器，ZL 2018 2 0303089.2，第一发明人